《宁夏古树名木图鉴》编委会

主　编

李英武　牛锦凤

副主编

惠学东　王洛兵

编写人员

朱　强	纪丽萍	祝蒙蒙	刘　英	李北草	贾国晶	刘　冰
陈家滨	周艳蕊	肖梅红	郭海燕	潘小平	韩林芮	王瑞霞
施雪霞	张　欢	杨发忠	沈炼平	王　玉	吴韶寰	朱进学
杨奇晓	鄂海霞	李亚鑫	石宗礼	王　红	杨文彬	周海彬
王淑英	王　丹	胡　科	朱国军	胡永强	赵映书	田海燕
杨占虎	安永平	何　丽	王继飞	王国华	周利伟	程凤芝
张文华	苏德喜	叶　伟	张　睿	田育蓉	任建治	何高明
杨汉国	周景玉	陈克斌	贾生舜	王建红	冯　欢	满忠林
方登伟	陈　磊	苏　兵	赵　骥	何　燕	田国江	李　卓
赫广林	马保平	左荣生	刘晓超	潘　钺	王贵荣	冶东芳
张隆春	李静尧	王　俊	李　梅	牛向雯	王晓莉	魏文轩
杨　蕾	余海燕	张　杰	李金红	马玉萍		

宁夏古树名木图鉴

NINGXIA
GUSHU
MINGMU
TUJIAN

李英武　牛锦凤——主编

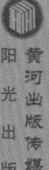
黄河出版传媒集团
阳光出版社

图书在版编目（CIP）数据

宁夏古树名木图鉴 / 李英武，牛锦凤主编. -- 银川：阳光出版社，2022.9
 ISBN 978-7-5525-6489-1

Ⅰ.①宁… Ⅱ.①李… ②牛… Ⅲ.①树木-植物志-宁夏-图集 Ⅳ.①S717.243-64

中国版本图书馆CIP数据核字(2022)第168664号

宁夏古树名木图鉴　　　　　　　　　　　李英武　牛锦凤　主编

责任编辑　李少敏
封面设计　晨　皓
责任印制　岳建宁

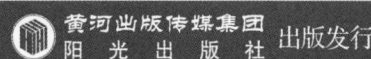出版发行

出 版 人	薛文斌
地　　址	宁夏银川市北京东路139号出版大厦（750001）
网　　址	http://www.ygchbs.com
网上书店	http://shop129132959.taobao.com
电子信箱	yangguangchubanshe@163.com
邮购电话	0951-5047283
经　　销	全国新华书店
印刷装订	宁夏银报智能印刷科技有限公司
印刷委托书号	（宁）0024638

开　　本	889 mm × 1194 mm　16开
印　　张	16.5
字　　数	300千字
版　　次	2022年9月第1版
印　　次	2022年12月第1次印刷
书　　号	ISBN 978-7-5525-6489-1
定　　价	88.00元

版权所有　翻印必究

序

  古树名木是宝贵的自然与文化资源,见证历史、承载乡愁、寄托情思,蕴藏着丰富的政治、历史、文化、生态、科研和经济价值,是林木资源中的瑰宝。加强古树名木保护,对弘扬先进生态文化、维护生物多样性、推进生态文明建设具有十分重要的意义。

  古树望阡陌,年轮琢岁月。历史悠久的宁夏山川孕育了丰富的古树名木资源,每株古树的品种、历史价值都与当地的文化紧密相连,见证着时序更替,记录着风物变迁。2018—2022年开展的古树名木资源普查,全面摸清了宁夏古树名木资源现状。普查结果显示,宁夏现有单株古树名木391株,其中古树377株、名木14株,古树群101处17577株。目前,宁夏不仅保存了一批见证历史的古树名木,如千年以上相传康熙帝采过"茶叶"的旱榆、500多年的黑弹树、寿命最长的"灵武长枣王"、晚清时期栽植的旱柳、海原大地震遗留的"震柳"、红军长征时拴过马的胡桃树、1963年董必武栽植的圆柏等,而且分布着珍贵的古树群,如灵武市灵武长枣古树群、红寺堡区酸枣古树群、同心县同心圆枣古树群、原州区宁夏枸杞古树群、彭阳县侧柏古树群、隆德县旱柳古树群、西吉县华山松古树群、沙坡头区香水梨古树群等。这些古树名木和古树群,既记录着、承载着大自然的历史变迁和人类发展的历史文化,又充盈着、丰富着宁夏的自然遗传基因和深厚的文化底蕴,是大自然给予人类的宝贵财富。

多年来，宁夏始终高度重视古树名木普查和保护工作，2018年，将古树名木资源调查作为重点普查任务，部署开展了林木种质资源普查。全区林木种质资源普查单位经过5年的不懈努力和辛苦付出，圆满完成了宁夏古树名木普查任务。在各普查单位实地调查、专家指导、广泛论证的基础上，宁夏国有林场和林木种苗工作总站组织编著了《宁夏古树名木图鉴》一书。本书收录了本次普查到的所有古树名木，在介绍古树名木特性和现状的同时，收集了相关历史典故，集科学性、知识性、趣味性于一体，图文并茂，是一本可学、可知、可鉴、可赏的生态学科普读物。该书既是宁夏当前古树名木资源的"数据库"，又是宁夏古树名木普查工作的成果总结，对深入开展古树名木保护、弘扬优秀传统文化具有积极的促进作用，可为今后实施古树名木保护工程提供数据支撑和重要参考。

加强古树名木保护既是推进生态文明建设、促进人与自然和谐共生的必然要求，也是全面贯彻落实习近平生态文明思想、努力建设黄河流域生态保护和高质量发展先行区的具体实践。在今后的工作中，要持续加强补充调查和日常监测，形成完整的资源档案，建立健全管理制度，强化科技支撑，加强日常养护和抢救复壮，呵护好大自然的这一馈赠。期望读者通过阅读《宁夏古树名木图鉴》这本书，更深入地了解宁夏古树生态文化，大力弘扬生态文明理念，不断增强生态保护意识。

徐庆林

2022年11月

前言

一棵古树，见证一段历史，传承一种文化；一株名木，讲述一个故事，记载一段传奇。无论是苍松翠柏，还是古槐古榆，每一株，都见证着社会的发展，装扮着山川大地，随着岁月流逝，愈发显得弥足珍贵。

《宁夏古树名木图鉴》是宁夏林木种质资源普查成果的重要组成部分。古树名木是极其珍贵的植物资源和自然文化遗产，具有观赏、研究、历史、文化、经济等多重价值，它们分散在宁夏各地，呈群状或散生分布，是种质资源多样性的表现。历史、文化的影响增加了古树名木的内涵，为科学研究提供了重要物证和宝贵依据。2018—2022年，宁夏林业和草原局组织开展了全区林木种质资源普查，对古树名木进行了广泛调查。根据普查结果，宁夏现有古树名木17968株，其中古树17954株（单株古树377株，古树群101处17577株），名木14株。单株古树中，一级古树7株，占比1.9%；二级古树30株，占比7.9%；三级古树340株，占比90.2%。古树名木包含的树（品）种主要有旱柳、榆树、胡桃、桑、槐、青杨、杏、圆柏、侧柏、枣、华山松、辽东栎、楸树等，分属18科26属51种。

本书以宁夏5个市（即银川市、石嘴山市、吴忠市、固原市和中卫市）以及保护区的顺序将古树名木进行编排，重点从数量、树龄、分布地点、生长情况、传说或来历、保护措施及管护单位等方面，图文并茂地展示了每株古树名木或每处古树群的现状和特征，图片来自宁夏林木种质资源信息系统。

本书依据宁夏林木种质资源普查成果，并参考相关文献资料编著而成，在成书之际，对参与普查和编纂工作的所有工作人员做出的贡献和给予的支持表示衷心的感谢。

本书的编著出版是宁夏林木种质资源普查成果的重要体现，可为宁夏古树名木的资源保护、历史文化传承、科学研究以及生态文明建设提供可靠资料。

由于时间紧，编著团队能力和水平有限，此次普查的古树名木出现遗漏在所难免，敬请读者批评指正。

■ 银川市

银川市直 / 003

兴庆区 / 007

金凤区 / 011

贺兰县 / 012

永宁县 / 015

灵武市 / 017

■ 石嘴山市

大武口区 / 033

惠农区 / 038

平罗县 / 043

■ 吴忠市

利通区 / 051

青铜峡市 / 060

盐池县　/ 065

同心县　/ 074

红寺堡区　/ 084

■ 固原市

原州区　/ 091

西吉县　/ 116

隆德县　/ 136

泾源县　/ 144

彭阳县　/ 160

■ 中卫市

中卫市直　/ 211

沙坡头区　/ 213

中宁县　/ 218

海原县　/ 225

■ 自然保护区

宁夏灵武白芨滩国家级自然保护区　/ 243

六盘山国家级自然保护区　/ 251

贺兰山国家级自然保护区　/ 253

37 株古树

8 株名木

8 处古树群

银川市直（9处9株古树名木，其中名木8株、古树1株）

1. 圆柏（桧柏）*Sabina chinensis*

柏科 Cupressaceae　　圆柏属 *Sabina*

类别： 名木。
数量： 1株。
树龄： 32年。
分布地点： 位于银川市兴庆区宁园内，海拔1070.1 m。
生长情况： 树体瘦弱，长势较差。树高6.6 m，胸径15 cm，冠幅3 m。
传说或来历： 1990年，苏联吉尔吉斯共和国伏龙芝市政府代表团栽植的友谊树。
保护措施： 挂牌保护，原挂牌号YM006，有专人管护。
管护单位： 宁园管理所，国家所有。

2. 圆柏（桧柏）*Sabina chinensis*

柏科 Cupressaceae　　圆柏属 *Sabina*

类别： 名木。
数量： 1株。
树龄： 59年。
分布地点： 位于银川市兴庆区海宝公园内，海拔1080.7 m。
生长情况： 树体较高，冠幅较小，长势一般。树高10 m，胸径35 cm，冠幅5 m。
传说或来历： 1963年10月25日，宁夏回族自治区成立五周年，时任中华人民共和国副主席董必武同志栽植的纪念树。
保护措施： 挂牌保护，原挂牌号YM003，有专人管护。
管护单位： 海宝公园管理处，国家所有。

3. 圆柏（桧柏） *Sabina chinensis*

柏科 Cupressaceae　　圆柏属 *Sabina*

类别： 名木。
数量： 1 株。
树龄： 39 年。
分布地点： 位于银川市兴庆区中山公园内，海拔 1079.6 m。
生长情况： 树体瘦弱，长势一般。树高 6 m，胸径 15 cm，冠幅 3 m。
传说或来历： 1983 年 10 月，时任中共中央办公厅主任乔石同志栽植的纪念树。
保护措施： 挂牌保护，原挂牌号 YM004，有专人管护。
管护单位： 中山公园管理处，国家所有。

4. 圆柏（桧柏） *Sabina chinensis*

柏科 Cupressaceae　　圆柏属 *Sabina*

类别： 名木。
数量： 1 株。
树龄： 30 年。
分布地点： 位于银川市兴庆区中山公园内，海拔 1072.5 m。
生长情况： 树体强壮，长势旺盛。树高 5 m，胸径 20 cm，冠幅 3.5 m。
传说或来历： 1992 年，日本岛根县友好访问团访问宁夏时栽植的纪念树。
保护措施： 挂牌保护，原挂牌号 YM007，有专人管护。
管护单位： 中山公园管理处，国家所有。

5. 圆柏（桧柏）*Sabina chinensis*

柏科 Cupressaceae　　圆柏属 *Sabina*

类别： 名木。
数量： 1 株。
树龄： 86 年。
分布地点： 位于银川市兴庆区中山公园内，海拔 1075.9 m。
生长情况： 树体高大，长势旺盛。树高 12 m，胸径 42 cm，冠幅 4 m。
传说或来历： 1936 年，宁夏引种成功的第一株圆柏，俗称"宁夏第一柏"。
保护措施： 挂牌保护，原挂牌号 YM001，有专人管护。
管护单位： 中山公园管理处，国家所有。

6. 青海云杉 *Picea crassifolia*

松科 Pinaceae　　云杉属 *Picea*

类别： 名木。
数量： 1 株。
树龄： 36 年。
分布地点： 位于银川市兴庆区中山公园内，海拔 1082.8 m。
生长情况： 长势较差，针叶呈灰绿色。树高 5 m，胸径 16 cm，冠幅 3 m。
传说或来历： 1986 年，南斯拉夫友人穆斯塔法·纳兹米栽植的纪念树。
保护措施： 挂牌保护，原挂牌号 YM005，有专人管护。
管护单位： 中山公园管理处，国家所有。

7. 桑（家桑，桑树）*Morus alba*

桑科 Moraceae　　桑属 *Morus*

类别： 三级古树。
数量： 1株。
树龄： 132年。
分布地点： 位于银川市兴庆区中山公园内，海拔1046.2 m。
生长情况： 树体高大且向南倾斜，长势旺盛。树高13 m，胸径76 cm，冠幅15 m。
传说或来历： 相传为清朝晚期银川西马营三官庙一名道士所栽。
保护措施： 挂牌保护，原挂牌号YG004，有专人管护。
管护单位： 中山公园管理处，国家所有。

8. 刺槐 *Robinia pseudoacacia*

豆科 Leguminosae　　刺槐属 *Robinia*

类别： 名木。
数量： 1株。
树龄： 87年。
分布地点： 位于银川市兴庆区中山公园内，海拔1071.6 m。
生长情况： 树体高大，长势旺盛，且有榆树生长在刺槐基部树杈中间。树高11 m，胸径47 cm，冠幅10 m。
保护措施： 挂牌保护，原挂牌号YZ006，有专人管护。
管护单位： 中山公园管理处，国家所有。

9. 龙爪槐 *Sophora japonica* f. *pendula*

豆科 Leguminosae　　槐属 *Sophora*

类别：名木。
数量：1株。
树龄：70年。
分布地点：位于银川市兴庆区中山公园内，海拔1073.9 m。
生长情况：长势较差，主干上部枝条扭曲，生长量小。树高3 m，胸径21 cm，冠幅3 m。
传说或来历：1952年，宁夏嫁接成功的第一株龙爪槐。
保护措施：挂牌保护，原挂牌号YM002，有专人管护。
管护单位：中山公园管理处，国家所有。

兴庆区（6处6株古树，2处古树群）

1. 旱柳 *Salix matsudana*

杨柳科 Salicaceae　　柳属 *Salix*

类别：三级古树。
数量：1株。
树龄：100年。
分布地点：位于银川市兴庆区典农公园内，海拔1113 m。
生长情况：树体高大，树冠圆满，长势旺盛。树高23 m，胸径96 cm，冠幅19 m。
保护措施：挂牌保护，有专人管护。
管护单位：典农公园管理处，国家所有。

2. 槐（国槐）*Sophora japonica*

豆科 Leguminosae　　槐属 *Sophora*

类别： 三级古树。
数量： 1株。
树龄： 100年。
分布地点： 位于银川市兴庆区西塔博物馆院内，海拔1071.3 m。
生长情况： 长势旺盛，树干基部开裂。树高11 m，胸径62 cm，冠幅13 m。
保护措施： 挂牌保护，原挂牌号YZ025-3，有专人管护。
管护单位： 西塔博物馆，国家所有。

3. 刺槐 *Robinia pseudoacacia*

豆科 Leguminosae　　刺槐属 *Robinia*

类别： 三级古树。
数量： 1株。
树龄： 100年。
分布地点： 位于银川市兴庆区西塔博物馆院内，海拔1035.2 m。
生长情况： 树体高大，长势旺盛，基部分权。树高12 m，胸径80 cm，冠幅13 m。
保护措施： 挂牌保护，原挂牌号YZ025-5，有专人管护。
管护单位： 西塔博物馆，国家所有。

4. 银白杨 *Populus alba*

杨柳科 Salicaceae　　杨属 *Populus*

类别： 三级古树。
数量： 1株。
树龄： 151年。
分布地点： 位于银川市兴庆区西塔博物馆院内，海拔977.4 m。
生长情况： 树体高大，长势旺盛。树高18 m，胸径185 cm，冠幅20 m。
保护措施： 挂牌保护，原挂牌号YG003，有专人管护。
管护单位： 西塔博物馆，国家所有。

5. 刺槐 *Robinia pseudoacacia*

豆科 Leguminosae　　刺槐属 *Robinia*

类别： 三级古树。
数量： 1株。
树龄： 100年。
分布地点： 位于银川市兴庆区沙湖宾馆院内，海拔1084.3 m。
生长情况： 树体高大，基部树皮脱落，长势一般。树高11 m，胸径52 cm，冠幅10 m。
保护措施： 挂牌保护，原挂牌号YZ013，有专人管护。
管护单位： 银川市园林管理局，国家所有。

6. 桑（家桑，桑树）*Morus alba*

桑科 Moraceae　　桑属 *Morus*

类别： 三级古树。
数量： 1 株。
树龄： 100 年。
分布地点： 位于银川市兴庆区大新镇燕鸽村，海拔 1098.3 m。
生长情况： 树体高大，长势一般，基部分权，上部主枝有枯死现象。树高 12 m，胸径 80 cm，冠幅 15 m。
保护措施： 未挂牌保护，无专人管护。
管护单位： 国家所有。

7. 刺槐 *Robinia pseudoacacia*

豆科 Leguminosae　　刺槐属 *Robinia*

类别： 三级古树。
数量： 3 株，面积 240 m²。
平均树龄： 100 年。
分布地点： 位于银川市兴庆区西塔博物馆院内，海拔 1084.5 m。
生长情况： 长势旺盛。平均树高 12 m，平均胸径 80 cm，平均冠幅 16 m。
保护措施： 挂牌保护，原挂牌号 YZ025-1、YZ025-2、YZ025-4，有专人管护。
管护单位： 银川市兴庆区林业和草原局，国家所有。

银川市

8. 刺槐 Robinia pseudoacacia

豆科 Leguminosae　　刺槐属 Robinia

类别：三级古树。
数量：3 株，面积 240 m^2。
平均树龄：100 年。
分布地点：位于银川市兴庆区老计委院内，海拔 1084.5 m。
生长情况：长势旺盛。平均树高 12 m，平均胸径 65 cm，平均冠幅 13 m。
保护措施：未挂牌保护，有专人管护。
管护单位：中国农业银行宁夏分行，国家所有。

金凤区（1 处 1 株古树）

旱柳 Salix matsudana

杨柳科 Salicaceae　　柳属 Salix

类别：三级古树。
数量：1 株。
树龄：100 年。
分布地点：位于银川市金凤区丰登镇新丰村四队，海拔 1054.1 m。
生长情况：长势一般。树高 18 m，胸径 120 cm，冠幅 13 m。
保护措施：未挂牌保护，有专人管护。
管护单位：丰登镇新丰村四队，集体所有。

贺兰县（6处6株古树）

1. 桑（家桑，桑树）*Morus alba*

桑科 Moraceae　　桑属 *Morus*

类别： 三级古树。
数量： 1株。
树龄： 135年。
分布地点： 位于银川市贺兰县金贵镇雄英村六队，海拔1104 m。
生长情况： 长势旺盛。树高12.5 m，胸径92.7 cm，冠幅13 m。
保护措施： 挂牌保护，有专人管护。
管护单位： 贺兰县林业和草原局，个人所有。

2. 桑（家桑，桑树）*Morus alba*

桑科 Moraceae　　桑属 *Morus*

类别： 三级古树。
数量： 1株。
树龄： 131年。
分布地点： 位于银川市贺兰县金贵镇雄英村六队，海拔1107 m。
生长情况： 树干基部分生2根主枝，树冠完整，树体高大，枝叶繁茂，结果正常。树高12 m，胸径63.7 cm，冠幅15.5 m。
保护措施： 挂牌保护，有专人管护。
管护单位： 贺兰县林业和草原局，个人所有。

3. 桑（家桑，桑树）*Morus alba*

桑科 Moraceae　　桑属 *Morus*

类别：三级古树。
数量：1 株。
树龄：105 年。
分布地点：位于银川市贺兰县金贵镇雄英村六队，海拔 1099 m。
生长情况：长势旺盛，树冠完整，树体高大，枝叶繁茂，结果正常。树高 8.5 m，胸径 52.3 cm，冠幅 21.3 m。
保护措施：挂牌保护，有专人管护。
管护单位：贺兰县林业和草原局，个人所有。

4. 桑（家桑，桑树）*Morus alba*

桑科 Moraceae　　桑属 *Morus*

类别：三级古树。
数量：1 株。
树龄：100 年。
分布地点：位于银川市贺兰县金贵镇雄英村六队，海拔 1099 m。
生长情况：长势一般。树高 9 m，胸径 63.4 cm，冠幅 12.3 m。
保护措施：挂牌保护，有专人管护。
管护单位：贺兰县林业和草原局，个人所有。

5. 桑（家桑，桑树）*Morus alba*

桑科 Moraceae   桑属 *Morus*

类别： 三级古树。

数量： 1株。

树龄： 100年。

分布地点： 位于银川市贺兰县金贵镇雄英村六队，海拔1099 m。

生长情况： 长势一般。树高9 m，胸径44.4 cm，冠幅10.4 m。

保护措施： 挂牌保护，有专人管护。

管护单位： 贺兰县林业和草原局，个人所有。

6. 桑（家桑，桑树）*Morus alba*

桑科 Moraceae   桑属 *Morus*

类别： 三级古树。

数量： 1株。

树龄： 100年。

分布地点： 位于银川市贺兰县金贵镇雄英村六队，海拔1099 m。

生长情况： 长势一般，树冠中上部曾遭受雷击而枯死，树干下部重发新主枝，现新枝生长旺盛，枝叶繁茂，结果正常。树高6.5 m，胸径63.4 cm，冠幅5 m。

保护措施： 挂牌保护，有专人管护。

管护单位： 贺兰县林业和草原局，个人所有。

永宁县（2处3株古树，2处古树群）

1. 刺槐 *Robinia pseudoacacia*

豆科 Leguminosae　　刺槐属 *Robinia*

类别： 三级古树。
数量： 2株。
树龄： 120年。
分布地点： 位于银川市永宁县杨和镇纳家户村纳家户清真寺内，海拔1105 m。
生长情况： 树形优美，长势旺盛。平均树高19 m，平均胸径112 cm，平均冠幅15.5 m。
保护措施： 挂牌保护，原挂牌号YNG0009、YNG00010，有专人管护。
管护单位： 永宁县林业和草原局，集体所有。

2. 刺槐 *Robinia pseudoacacia*

豆科 Leguminosae　　刺槐属 *Robinia*

类别： 三级古树。
数量： 1株。
树龄： 110年。
分布地点： 位于银川市永宁县李俊镇雷台村雷台庙，海拔1075.1 m。
生长情况： 树体部分枝干已枯死，生长环境较差。树高21 m，胸径80 cm，冠幅8 m。
保护措施： 挂牌保护，原挂牌号YNG0008，有专人管护。
管护单位： 永宁县林业和草原局，集体所有。

3. 银白杨 *Populus alba*

杨柳科 Salicaceae   杨属 *Populus*

类别： 二级古树。
数量： 4株，面积200 m²。
平均树龄： 320年。
分布地点： 位于银川市永宁县李俊镇郭家湾村寺庙内，海拔1126 m。
生长情况： 长势差。平均树高15.5 m，平均胸径172 cm，平均冠幅11 m。
保护措施： 挂牌保护，原挂牌号YNG0001至YNG0004，有专人管护。
管护单位： 永宁县林业和草原局，集体所有。

4. 刺槐 *Robinia pseudoacacia*

豆科 Leguminosae　　刺槐属 *Robinia*

类别： 三级古树。
数量： 3 株，面积 100 m²。
平均树龄： 120 年。
分布地点： 位于银川市永宁县望洪镇南方村望洪中学院内，海拔 1074.2 m。
生长情况： 长势旺盛。平均树高 20 m，平均胸径 105 cm，平均冠幅 16 m。
保护措施： 挂牌保护，原挂牌号 YNG0005 至 YNG0007，有专人管护。
管护单位： 永宁县林业和草原局，集体所有。

灵武市（20 处 20 株古树，4 处古树群）

1. 胡桃（核桃）*Juglans regia*

胡桃科 Juglandaceae　　胡桃属 *Juglans*

类别： 三级古树。
数量： 1 株。
树龄： 102 年。
分布地点： 位于银川市灵武市东塔镇东塔村枣园湖畔小区内，海拔 1109.7 m。
生长情况： 基部主枝有 2 分枝，濒死。树高 13.5 m，地径 158 cm，冠幅 13 m。
保护措施： 挂牌保护，原挂牌号 LWG10882。
管护单位： 灵武市林业和草原局，集体所有。

2. 枣 *Ziziphus jujuba*

鼠李科 Rhamnaceae　　枣属 *Ziziphus*

类别： 三级古树。
数量： 1 株。
树龄： 280 年。
分布地点： 位于银川市灵武市东塔镇果园村秦渠边，海拔 1098 m。
生长情况： 主干 1.4 m 处有 4 分枝，长势旺盛。树高 19.2 m，胸径 72 cm，冠幅 20 m。
传说或来历： 相传为灵武市寿命最长的枣树，被当地人称为"灵武长枣王"。
保护措施： 挂牌保护，原挂牌号 LWG05146。
管护单位： 灵武市林业和草原局，集体所有。

3. 胡桃（核桃）*Juglans regia*

胡桃科 Juglandaceae　　胡桃属 *Juglans*

类别： 三级古树。
数量： 1 株。
树龄： 110 年。
分布地点： 位于银川市灵武市东塔镇果园村秦渠边，海拔 1084.1 m。
生长情况： 长势旺盛。树高 21.2 m，胸径 44 cm，冠幅 13.3 m。
保护措施： 挂牌保护，原挂牌号 LWG05819。
管护单位： 灵武市林业和草原局，集体所有。

4. 胡桃（核桃）*Juglans regia*

胡桃科 Juglandaceae　　胡桃属 *Juglans*

- **类别：** 三级古树。
- **数量：** 1株。
- **树龄：** 110年。
- **分布地点：** 位于银川市灵武市东塔镇果园村秦渠边，海拔1098 m。
- **生长情况：** 长势旺盛。树高20.4 m，胸径77 cm，冠幅13.2 m。
- **保护措施：** 挂牌保护。
- **管护单位：** 灵武市林业和草原局，集体所有。

5. 榆树（白榆）*Ulmus pumila*

榆科 Ulmaceae　　榆属 *Ulmus*

- **类别：** 三级古树。
- **数量：** 1株。
- **树龄：** 202年。
- **分布地点：** 位于银川市灵武市马家滩镇杨家圈湾村三队西侧，海拔1436.9 m。
- **生长情况：** 长势一般，主干1 m处有2分枝。树高8.6 m，地径113 cm，冠幅9.7 m。
- **保护措施：** 挂牌保护，原挂牌号LWG10858。
- **管护单位：** 灵武市林业和草原局，集体所有。

6. 榆树（白榆）*Ulmus pumila*

榆科 Ulmaceae　　　榆属 *Ulmus*

类别： 三级古树。
数量： 1 株。
树龄： 132 年。
分布地点： 位于银川市灵武市马家滩镇杨家圈湾村三队西侧，海拔 1437.1 m。
生长情况： 长势旺盛，主干偏斜。树高 8.6 m，胸径 74 cm，冠幅 12.1 m。
保护措施： 挂牌保护，原挂牌号 LG16587。
管护单位： 灵武市林业和草原局，集体所有。

7. 榆树（白榆）*Ulmus pumila*

榆科 Ulmaceae　　　榆属 *Ulmus*

类别： 三级古树。
数量： 1 株。
树龄： 152 年。
分布地点： 位于银川市灵武市马家滩镇大羊其村一道墙自然村，海拔 1322.5 m。
生长情况： 枯死枝较多，濒死。树高 7.6 m，胸径 83 cm，冠幅 8.7 m。
保护措施： 挂牌保护。
管护单位： 灵武市林业和草原局，集体所有。

8. 榆树（白榆）*Ulmus pumila*

榆科 Ulmaceae　　榆属 *Ulmus*

类别：三级古树。
数量：1 株。
树龄：152 年。
分布地点：位于银川市灵武市马家滩镇大羊其村一道墙自然村，海拔 1322.5 m。
生长情况：长势较差，部分主枝枯死。树高 7.3 m，胸径 90 cm，冠幅 6.4 m。
保护措施：挂牌保护，原挂牌号 LG16584。
管护单位：无管护单位，集体所有。

9. 榆树（白榆）*Ulmus pumila*

榆科 Ulmaceae　　榆属 *Ulmus*

类别：三级古树。
数量：1 株。
树龄：102 年。
分布地点：位于银川市灵武市马家滩镇马家滩村村民院内，海拔 1309.7 m。
生长情况：长势旺盛。树高 19.5 m，胸径 103 cm，冠幅 28 m。
保护措施：挂牌保护，原挂牌号 LG16582。
管护单位：无管护单位，个人所有。

10. 榆树（白榆）*Ulmus pumila*

榆科 Ulmaceae　　榆属 *Ulmus*

类别： 三级古树。
数量： 1 株。
树龄： 120 年。
分布地点： 位于银川市灵武市白土岗乡海子井村野麦子塘，海拔 1330.5 m。
生长情况： 长势一般，主干 2 m 处有 2 分枝，部分顶梢枯死。树高 11 m，胸径 65 cm，冠幅 12.3 m。
保护措施： 挂牌保护，原挂牌号 LG16581。
管护单位： 无管护单位，集体所有。

11. 榆树（白榆）*Ulmus pumila*

榆科 Ulmaceae　　榆属 *Ulmus*

类别： 三级古树。
数量： 1 株。
树龄： 114 年。
分布地点： 位于银川市灵武市白土岗乡海子井村海子井清真寺内，海拔 1291 m。
生长情况： 长势较差，只剩 3 根主枝。树高 5.8 m，胸径 60 cm，冠幅 6 m。
保护措施： 挂牌保护，原挂牌号 LG16578，有专人管护。
管护单位： 无管护单位，集体所有。

12. 桑（家桑，桑树）*Morus alba*

桑科 Moraceae　　桑属 *Morus*

类别： 三级古树。
数量： 1 株。
树龄： 182 年。
分布地点： 位于银川市灵武市崇兴镇中北村村民院内，海拔 1082.4 m。
生长情况： 长势旺盛，基部有 3 分枝。树高 15.3 m，胸径 147 cm，冠幅 18.5 m。
保护措施： 挂牌保护，原挂牌号 LWG10847，有专人管护。
管护单位： 灵武市林业和草原局，集体所有。

13. 白杜（丝棉木）*Euonymus maackii*

卫矛科 Celastraceae　　卫矛属 *Euonymus*

类别： 三级古树。
数量： 1 株。
树龄： 150 年。
分布地点： 位于银川市灵武市东塔镇果园村秦渠边，海拔 1081.1 m。
生长情况： 长势旺盛。树高 7.8 m，胸径 55 cm，冠幅 7.3 m。
保护措施： 挂牌保护，原挂牌号 LWG05820，有专人管护。
管护单位： 灵武市林业和草原局，集体所有。

14. 杏 *Armeniaca vulgaris*

蔷薇科 Rosaceae　　杏属 *Armeniaca*

类别： 三级古树。
数量： 1株。
树龄： 100年。
分布地点： 位于银川市灵武市东塔镇果园村秦渠边，海拔1080 m。
生长情况： 长势旺盛。树高8.5 m，胸径116 cm，冠幅16 m。
保护措施： 未挂牌保护，有专人管护。
管护单位： 灵武市林业和草原局，集体所有。

15. 长把梨 *Pyrus bretschneideri* 'Changba'

蔷薇科 Rosaceae　　梨属 *Pyrus*

类别： 三级古树。
数量： 1株。
树龄： 100年。
分布地点： 位于银川市灵武市东塔镇枣博园内，海拔1080 m。
生长情况： 长势旺盛。树高9.3 m，胸径125 cm，冠幅7.6 m。
保护措施： 未挂牌保护。
管护单位： 灵武市林业和草原局，国家所有。

16. 长把梨 Pyrus bretschneideri 'Changba'

蔷薇科 Rosaceae　　梨属 Pyrus

类别： 三级古树。
数量： 1 株。
树龄： 100 年。
分布地点： 位于银川市灵武市东塔镇枣博园内，海拔 1080 m。
生长情况： 长势一般。树高 9.2 m，胸径 115 cm，冠幅 8.2 m。
保护措施： 未挂牌保护。
管护单位： 灵武市林业和草原局，国家所有。

17. 长把梨 Pyrus bretschneideri 'Changba'

蔷薇科 Rosaceae　　梨属 Pyrus

类别： 三级古树。
数量： 1 株。
树龄： 100 年。
分布地点： 位于银川市灵武市东塔镇枣博园内，海拔 1080 m。
生长情况： 长势一般。树高 8.6 m，胸径 110 cm，冠幅 8.8 m。
保护措施： 未挂牌保护。
管护单位： 灵武市林业和草原局，国家所有。

18. 长把梨 *Pyrus bretschneideri* 'Changba'

蔷薇科 Rosaceae　　梨属 *Pyrus*

类别： 三级古树。
数量： 1株。
树龄： 100年。
分布地点： 位于银川市灵武市东塔镇枣博园内，海拔1080 m。
生长情况： 长势一般。树高8.8 m，胸径92.5 cm，冠幅7.6 m。
保护措施： 未挂牌保护。
管护单位： 灵武市林业和草原局，国家所有。

19. 长把梨 *Pyrus bretschneideri* 'Changba'

蔷薇科 Rosaceae　　梨属 *Pyrus*

类别： 三级古树。
数量： 1株。
树龄： 100年。
分布地点： 位于银川市灵武市东塔镇枣博园内，海拔1080 m。
生长情况： 长势一般。树高9.5 m，胸径95.5 cm，冠幅7.8 m。
保护措施： 未挂牌保护。
管护单位： 灵武市林业和草原局，国家所有。

20. 旱柳 *Salix matsudana*

杨柳科 Salicaceae　　柳属 *Salix*

类别： 三级古树。
数量： 1株。
树龄： 110年。
分布地点： 位于银川市灵武市宁夏仁存渡护岸林场渡口管理站，海拔1120 m。
生长情况： 长势旺盛。树高11 m，胸径177 cm，冠幅18.7 m。
保护措施： 挂牌保护。
管护单位： 宁夏仁存渡护岸林场，国家所有。

21. 灵武长枣 *Ziziphus jujuba* 'Lingwuchangzao'

鼠李科 Rhamnaceae　　枣属 *Ziziphus*

类别： 三级古树。
数量： 5705株，面积285392 m^2。
平均树龄： 110年。
分布地点： 位于银川市灵武市东塔镇枣博园内，海拔1080 m。
生长情况： 生长正常，长势一般。平均树高15 m，平均胸径22 cm，平均冠幅12 m。
保护措施： 部分挂牌保护，有专人管护。
管护单位： 灵武市林业和草原局，国家所有。

22. 灵武长枣 *Ziziphus jujuba*'Lingwuchangzao'

鼠李科 Rhamnaceae　　枣属 *Ziziphus*

类别： 三级古树。
数量： 2582 株，面积 206663 m^2。
平均树龄： 110 年。
分布地点： 位于银川市灵武市东塔镇枣博园内，海拔 1080.9 m。
生长情况： 生长正常，长势一般。平均树高 16 m，平均胸径 26 cm，平均冠幅 12.5 m。
保护措施： 部分挂牌保护，有专人管护。
管护单位： 灵武市林业和草原局，国家所有。

23. 灵武长枣 *Ziziphus jujuba*'Lingwuchangzao'

鼠李科 Rhamnaceae　　枣属 *Ziziphus*

类别： 三级古树。
数量： 2135 株，面积 170885 m^2。
平均树龄： 110 年。
分布地点： 位于银川市灵武市东塔镇利民村秦渠边，海拔 1080 m。
平均树龄： 长势一般。平均树高 12.4 m，平均胸径 50.5 cm，平均冠幅 6.1 m。
保护措施： 部分挂牌保护，有专人管护。
管护单位： 灵武市林业和草原局，国家所有。

24. 长把梨 *Pyrus bretschneideri*'Changba'

蔷薇科 Rosaceae 梨属 *Pyrus*

类别： 三级古树。
数量： 10 株，面积 800 m^2。
平均树龄： 100 年。
分布地点： 位于银川市灵武市东塔镇果园内，海拔 1080 m。
生长情况： 长势一般。平均树高 12 m，平均胸径 98 cm，平均冠幅 13 m。
保护措施： 部分挂牌保护，有专人管护。
管护单位： 灵武市林业和草原局，集体所有。

石嘴山市

26 株古树
4 处古树群

NINGXIA
GUSHU
MINGMU
TUJIAN

大武口区（8处8株古树，3处古树群）

1. 杏 *Armeniaca vulgaris*

蔷薇科 Rosaceae　　杏属 *Armeniaca*

类别： 三级古树。
数量： 1株。
树龄： 100年。
分布地点： 位于石嘴山市大武口区潮湖村潮湖人家院内，海拔1051.4 m。
生长情况： 长势较差，树干分枝点高，树体倾斜，且与榆树伴生。树高10 m，胸径56 cm，冠幅6 m。
保护措施： 未挂牌保护，有专人管护。
管护单位： 潮湖人家，个人所有。

2. 杏 *Armeniaca vulgaris*

蔷薇科 Rosaceae　　杏属 *Armeniaca*

类别： 三级古树。
数量： 1株。
树龄： 100年。
分布地点： 位于石嘴山市大武口区潮湖村潮湖人家院内，海拔1071.2 m。
生长情况： 长势旺盛，主干粗壮，有多级分枝。树高10 m，胸径68 cm，冠幅5 m。
保护措施： 未挂牌保护，有专人管护。
管护单位： 潮湖人家，个人所有。

3. 花红（奈子，沙果）*Malus asiatica*

蔷薇科 Rosaceae　　苹果属 *Malus*

类别： 三级古树。
数量： 1株。
树龄： 150年。
分布地点： 位于石嘴山市大武口区潮湖村潮湖人家院内，海拔1050.4 m。
生长情况： 长势较差，分枝点低。树高7 m，胸径80 cm，冠幅11 m。
保护措施： 未挂牌保护，有专人管护。
管护单位： 潮湖人家，个人所有。

4. 槐（国槐）*Sophora japonica*

豆科 Leguminosae　　槐属 *Sophora*

类别： 三级古树。
数量： 1株。
树龄： 100年。
分布地点： 位于石嘴山市大武口区潮湖村村民院内，海拔1076.7 m。
生长情况： 长势旺盛，分枝点低，枝条下垂。树高20 m，胸径64 cm，冠幅11 m。
保护措施： 未挂牌保护，有专人管护。
管护单位： 无管护单位，个人所有。

5. 槐（国槐）*Sophora japonica*

豆科 Leguminosae　　槐属 *Sophora*

类别：三级古树。
数量：1株。
树龄：100年。
分布地点：位于石嘴山市大武口区潮湖村村民院内，海拔1076.7 m。
生长情况：长势旺盛，树干笔直，分枝点高。树高20 m，胸径64 cm，冠幅7 m。
保护措施：未挂牌保护，有专人管护。
管护单位：无管护单位，个人所有。

6. 小叶杨 *Populus simonii*

杨柳科 Salicaceae　　杨属 *Populus*

类别：二级古树。
数量：1株。
树龄：300年。
分布地点：位于石嘴山市大武口区兴民村九队沙田内，海拔1053.5 m。
生长情况：主干粗壮，濒死，3 m处有2分枝。树高12 m，胸径200 cm，冠幅15 m。
保护措施：挂牌保护，原挂牌号007，无专人管护。
管护单位：兴民村村委会，集体所有。

7. 桑（家桑，桑树）*Morus alba*

桑科 Moraceae　　　桑属 *Morus*

类别： 三级古树。
数量： 1 株。
树龄： 100 年。
分布地点： 位于石嘴山市大武口区枣窝，海拔 1084.2 m。
生长情况： 长势一般，从根基部分生 2 根主干，单轴生长，有枯枝，曾修剪，有虫孔。树高 10 m，胸径 46 cm，冠幅 8 m。
保护措施： 挂牌保护，原挂牌号石大园 006，有专人管护。
管护单位： 石嘴山市生态保护林场，集体所有。

8. 桑（家桑，桑树）*Morus alba*

桑科 Moraceae　　　桑属 *Morus*

类别： 三级古树。
数量： 1 株。
树龄： 100 年。
分布地点： 位于石嘴山市大武口区枣窝，海拔 1082.4 m。
生长情况： 长势一般，主干 2.2 m 处分枝，树皮粗糙，有枯死枝，曾截干。树高 6 m，胸径 70 cm，冠幅 9 m。
保护措施： 挂牌保护，原挂牌号石大园 005，有专人管护。
管护单位： 石嘴山市生态保护林场，集体所有。

9. 银白杨 *Populus alba*

杨柳科 Salicaceae　　杨属 *Populus*

类别： 三级古树。
数量： 3 株，面积 680 m²。
平均树龄： 200 年。
分布地点： 位于石嘴山市大武口区北武当生态保护林场北武当庙内，海拔 1128.4 m。
生长情况： 长势一般。平均树高 28 m，平均胸径 135 cm，平均冠幅 17 m。
保护措施： 挂牌保护，有专人管护。
管护单位： 北武当庙寿佛寺，集体所有。

10. 大武口枣

鼠李科 Rhamnaceae　　枣属 *Ziziphus*

类别： 三级古树。
数量： 20 株，面积 200 m²。
平均树龄： 100 年。
分布地点： 位于石嘴山市大武口区龙泉村，海拔 1074.9 m。
生长情况： 长势一般。平均树高 7 m，平均胸径 20 cm，平均冠幅 8 m。
保护措施： 未挂牌保护，有专人管护。
管护单位： 无管护单位，个人所有。

11. 葡萄（夏黑葡萄）*Vitis vinifera*

葡萄科 Vitaceae　　葡萄属 *Vitis*

类别： 三级古树。
数量： 225 株，面积 3001 m²。
平均树龄： 100 年。
分布地点： 位于石嘴山市大武口区龙泉村贺东庄园内，海拔 1082.5 m。
生长情况： 主蔓弯曲，蔓皮斑驳，长势一般。平均架高 1.8 m，平均胸径 16 cm，平均冠幅 4 m。
保护措施： 挂牌保护，有专人管护。
管护单位： 贺东庄园。

惠农区（10 处 10 株古树）

1. 胡桃（核桃）*Juglans regia*

胡桃科 Juglandaceae　　胡桃属 *Juglans*

类别： 三级古树。
数量： 1 株。
树龄： 120 年。
分布地点： 位于石嘴山市惠农区燕子墩乡王泉沟罗家园子，海拔 1206 m。
生长情况： 长势一般。树高 18 m，胸径 41 cm，冠幅 12 m。
保护措施： 挂牌保护，原挂牌号 001，无专人管护。
管护单位： 罗家园子，集体所有。

2. 胡桃（核桃）*Juglans regia*

胡桃科 Juglandaceae　　胡桃属 *Juglans*

类别：三级古树。
数量：1 株。
树龄：120 年。
分布地点：位于石嘴山市惠农区燕子墩乡王泉沟罗家园子，海拔 1210 m。
生长情况：长势一般。树高 22 m，胸径 76 cm，冠幅 15.8 m。
保护措施：挂牌保护，原挂牌号 002，无专人管护。
管护单位：罗家园子，集体所有。

3. 桑（家桑，桑树）*Morus alba*

桑科 Moraceae　　桑属 *Morus*

类别：三级古树。
数量：1 株。
树龄：120 年。
分布地点：位于石嘴山市惠农区燕子墩乡王泉沟罗家园子，海拔 1210 m。
生长情况：长势一般，主干卧躺在地面。树高 7.5 m，胸径 43.8 cm，冠幅 10 m。
保护措施：挂牌并围栏保护，无专人管护。
管护单位：罗家园子，集体所有。

4. 胡桃（核桃）*Juglans regia*

胡桃科 Juglandaceae　　胡桃属 *Juglans*

类别： 三级古树。
数量： 1株。
树龄： 100年。
分布地点： 位于石嘴山市惠农区燕子墩乡王泉沟罗家园子，海拔1202.3 m。
生长情况： 主干通直，长势旺盛。树高14 m，胸径65.2 cm，冠幅11 m。
保护措施： 挂牌并围栏保护，原挂牌号003，无专人管护。
管护单位： 罗家园子，集体所有。

5. 胡桃（核桃）*Juglans regia*

胡桃科 Juglandaceae　　胡桃属 *Juglans*

类别： 三级古树。
数量： 1株。
树龄： 100年。
分布地点： 位于石嘴山市惠农区燕子墩乡王泉沟罗家园子，海拔1202.8 m。
生长情况： 长势一般。树高21 m，胸径50.3 cm，冠幅15 m。
保护措施： 挂牌并围栏保护，原挂牌号004，无专人管护。
管护单位： 罗家园子，集体所有。

6. 胡桃（核桃）*Juglans regia*

胡桃科 Juglandaceae　　胡桃属 *Juglans*

类别： 三级古树。
数量： 1株。
树龄： 120年。
分布地点： 位于石嘴山市惠农区燕子墩乡王泉沟罗家园子，海拔1205.6 m。
生长情况： 长势旺盛，主干1 m处分权，部分枝干枯萎，正常开花结实。树高24 m，胸径68.5 cm，冠幅12 m。
保护措施： 挂牌并围栏保护，原挂牌号005，无专人管护。
管护单位： 罗家园子，集体所有。

7. 桑（家桑，桑树）*Morus alba*

桑科 Moraceae　　桑属 *Morus*

类别： 三级古树。
数量： 1株。
树龄： 150年。
分布地点： 位于石嘴山市惠农区燕子墩乡王泉沟罗家园子，海拔1211.2 m。
生长情况： 长势一般。树高19 m，胸径65.28 cm。
保护措施： 未挂牌保护，无专人管护。
管护单位： 罗家园子，集体所有。

8. 胡桃（核桃）*Juglans regia*

胡桃科 Juglandaceae　　胡桃属 *Juglans*

类别： 三级古树。
数量： 1 株。
树龄： 120 年。
分布地点： 位于石嘴山市惠农区燕子墩乡王泉沟罗家园子，海拔 1211.4 m。
生长情况： 长势一般。树高 19 m，胸径 49 cm，冠幅 13 m。
保护措施： 未挂牌保护，无专人管护。
管护单位： 罗家园子，集体所有。

9. 小叶杨 *Populus simonii*

杨柳科 Salicaceae　　杨属 *Populus*

类别： 三级古树。
数量： 1 株。
树龄： 110 年。
分布地点： 位于石嘴山市惠农区燕子墩乡王泉沟罗家园子，海拔 1202 m。
生长情况： 长势一般，主干通直，生长正常。树高 20 m，胸径 67 cm，冠幅 19.3 m。
保护措施： 挂牌保护，原挂牌号 010，有专人管护。
管护单位： 罗家园子，集体所有。

10. 胡桃（核桃）*Juglans regia*

胡桃科 Juglandaceae   胡桃属 *Juglans*

类别： 三级古树。
数量： 1 株。
树龄： 120 年。
分布地点： 位于石嘴山市惠农区燕子墩乡王泉沟罗家园子，海拔 1215.49 m。
生长情况： 长势一般。树高 20 m，胸径 53.5 cm，冠幅 15.8 m。
保护措施： 未挂牌保护，有专人管护。
管护单位： 罗家园子，集体所有。

平罗县（8 处 8 株古树，1 处古树群）

1. 臭椿 *Ailanthus altissima*

苦木科 Simaroubaceae   臭椿属 *Ailanthus*

类别： 三级古树。
数量： 1 株。
树龄： 128 年。
分布地点： 位于石嘴山市平罗县姚伏镇周城村周城小学院内，海拔 1076.2 m。
生长情况： 树体高大，长势旺盛。树高 9 m，胸径 63 cm，冠幅 8 m。
保护措施： 挂牌保护，原挂牌号 004，有专人管护。
管护单位： 平罗县林业和草原局，集体所有。

2. 槐（国槐）*Sophora japonica*

豆科 Leguminosae　　槐属 *Sophora*

类别： 三级古树。
数量： 1 株。
树龄： 121 年。
分布地点： 位于石嘴山市平罗县黄渠桥镇惠北村三队，海拔 1056.6 m。
生长情况： 树体高大，长势旺盛，树冠圆满。树高 16.7 m，胸径 84 cm，冠幅 20 m。
保护措施： 未挂牌保护，有专人管护。
管护单位： 个人管护，个人所有。

3. 桑（家桑，桑树）*Morus alba*

桑科 Moraceae　　桑属 *Morus*

类别： 三级古树。
数量： 1 株。
树龄： 110 年。
分布地点： 位于石嘴山市平罗县城关镇世纪家园小区内，海拔 1070.1 m。
生长情况： 长势一般。树高 12.5 m，胸径 52.2 cm，冠幅 11 m。
保护措施： 挂牌保护，原挂牌号 023，有专人管护。
管护单位： 平罗县住房和城乡建设局，集体所有。

4. 桑（家桑，桑树）*Morus alba*

桑科 Moraceae　　桑属 *Morus*

类别： 三级古树。
数量： 1 株。
树龄： 110 年。
分布地点： 位于石嘴山市平罗县城关镇世纪家园小区内，海拔 1070.4 m。
生长情况： 树体高大，长势旺盛。树高 12.5 m，胸径 76.4 cm，冠幅 9 m。
保护措施： 挂牌保护，原挂牌号 022，有专人管护。
管护单位： 平罗县住房和城乡建设局，集体所有。

5. 枣 *Ziziphus jujuba*

鼠李科 Rhamnaceae　　枣属 *Ziziphus*

类别： 三级古树。
数量： 1 株。
树龄： 108 年。
分布地点： 位于石嘴山市平罗县城关镇世纪家园小区内，海拔 1060.3 m。
生长情况： 长势旺盛，基部分杈较多。树高 8.7 m，胸径 62.7 cm，冠幅 9 m。
保护措施： 挂牌保护，原挂牌号 024，有专人管护。
管护单位： 平罗县住房和城乡建设局，集体所有。

6. 桑（家桑，桑树）*Morus alba*

桑科 Moraceae　　桑属 *Morus*

类别： 三级古树。
数量： 1株。
树龄： 100年。
分布地点： 位于石嘴山市平罗县城关镇第四小学院内，海拔1062 m。
生长情况： 树体高大，长势旺盛，基部分杈。树高11 m，胸径120 cm，冠幅16.6 m。
保护措施： 挂牌保护，原挂牌号006，有专人管护。
管护单位： 平罗县城关镇第四小学，集体所有。

7. 桑（家桑，桑树）*Morus alba*

桑科 Moraceae　　桑属 *Morus*

类别： 三级古树。
数量： 1株。
树龄： 109年。
分布地点： 位于石嘴山市平罗县城关镇第四小学院内，海拔1053 m。
生长情况： 树体高大，长势旺盛，基部分杈。树高12 m，胸径96 cm，冠幅15 m。
保护措施： 挂牌保护，原挂牌号005，有专人管护。
管护单位： 平罗县城关镇第四小学，集体所有。

8. 枣 *Ziziphus jujuba*

鼠李科 Rhamnaceae　　枣属 *Ziziphus*

类别： 三级古树。
数量： 1 株。
树龄： 120 年。
分布地点： 位于石嘴山市平罗县崇岗镇崇岗村弥陀寺内，海拔 1073.6 m。
生长情况： 树干弯曲，有分杈，长势较差。树高 8 m，胸径 35 cm，冠幅 10 m。
保护措施： 挂牌保护，原挂牌号 002，有专人管护。
管护单位： 弥陀寺，集体所有。

9. 桑（家桑，桑树）*Morus alba*

桑科 Moraceae　　桑属 *Morus*

类别： 三级古树。
数量： 7 株，面积 560 m²。
平均树龄： 150 年。
分布地点： 位于石嘴山市平罗县黄渠桥镇惠北村二队，海拔 1052.9 m。
生长情况： 长势一般。平均树高 14 m，平均胸径 92 cm，平均冠幅 18 m。
保护措施： 未挂牌保护，有专人管护。
管护单位： 黄渠桥镇人民政府，集体所有。

62 株古树
15 处古树群

利通区（16处17株古树，2处古树群）

1. 同心圆枣 *Ziziphus Jujuba* 'Tongxin Yuanzao'

鼠李科 Rhamnaceae　　枣属 *Ziziphus*

类别： 三级古树。
数量： 1株。
树龄： 115年。
分布地点： 位于吴忠市利通区金积镇西门村一队，海拔1121.5 m。
生长情况： 长势一般。树高12.3 m，胸径31.5 cm，冠幅6.4 m。
保护措施： 挂牌保护，原挂牌号25号，无专人管护。
管护单位： 无管护单位，集体所有。

2. 花红（柰子，沙果）*Malus asiatica*

蔷薇科 Rosaceae　　苹果属 *Malus*

类别： 三级古树。
数量： 1株。
树龄： 115年。
分布地点： 位于吴忠市利通区金积镇西门村一队，海拔1121.5 m。
生长情况： 长势一般。树高12.3 m，胸径85.7 cm，冠幅6.4 m。
保护措施： 挂牌保护，原挂牌号24号，无专人管护。
管护单位： 无管护单位，集体所有。

3. 花红（柰子，沙果）*Malus asiatica*

蔷薇科 Rosaceae　　苹果属 *Malus*

类别： 三级古树。
数量： 1株。
树龄： 115年。
分布地点： 位于吴忠市利通区金积镇西门村一队，海拔1121.4 m。
生长情况： 长势一般。树高8.5 m，胸径76.75 cm，冠幅8.1 m。
保护措施： 挂牌保护，原挂牌号23号，无专人管护。
管护单位： 无管护单位，集体所有。

4. 花红（柰子，沙果）*Malus asiatica*

蔷薇科 Rosaceae　　苹果属 *Malus*

类别： 三级古树。
数量： 1株。
树龄： 115年。
分布地点： 位于吴忠市利通区金积镇西门村一队，海拔1121.5 m。
生长情况： 长势一般。树高11.6 m，地径75.8 cm，冠幅10.8 m。
保护措施： 挂牌保护，原挂牌号21号，无专人管护。
管护单位： 无管护单位，集体所有。

5. 花红（柰子，沙果）*Malus asiatica*

蔷薇科 Rosaceae　　苹果属 *Malus*

类别： 三级古树。
数量： 1 株。
树龄： 115 年。
分布地点： 位于吴忠市利通区金积镇西门村一队，海拔 1211.5 m。
生长情况： 长势一般。树高 11.5 m，胸径 70 cm，冠幅 10.8 m。
保护措施： 挂牌保护，原挂牌号 20 号，无专人管护。
管护单位： 无管护单位，集体所有。

6. 杏 *Armeniaca vulgaris*

蔷薇科 Rosaceae　　杏属 *Armeniaca*

类别： 三级古树。
数量： 1 株。
树龄： 115 年。
分布地点： 位于吴忠市利通区金积镇西门村一队，海拔 1121.5 m。
生长情况： 长势较差。树高 12.1 m，胸径 48.7 cm，冠幅 5.9 m。
保护措施： 挂牌保护，原挂牌号 22 号，无专人管护。
管护单位： 无管护单位，集体所有。

7. 杏 *Armeniaca vulgaris*

蔷薇科 Rosaceae　　杏属 *Armeniaca*

类别： 三级古树。

数量： 1 株。

树龄： 115 年。

分布地点： 位于吴忠市利通区金积镇西门村一队，海拔 1124.2 m。

生长情况： 长势一般。树高 10 m，胸径 41.7 cm，冠幅 8.4 m。

保护措施： 挂牌保护，原挂牌号 18 号，无专人管护。

管护单位： 无管护单位，集体所有。

8. 长把梨 *Pyrus bretschneideri* 'Changba'

蔷薇科 Rosaceae　　梨属 *Pyrus*

类别： 三级古树。

数量： 1 株。

树龄： 115 年。

分布地点： 位于吴忠市利通区金积镇西门村一队，海拔 1124.5 m。

生长情况： 长势较差。树高 10 m，胸径 48.9 cm，冠幅 7.8 m。

保护措施： 挂牌保护，原挂牌号 19 号，无专人管护。

管护单位： 无管护单位，集体所有。

9. 长把梨 *Pyrus bretschneideri*'Changba'

蔷薇科 Rosaceae　　梨属 *Pyrus*

类别：三级古树。
数量：1株。
树龄：100年。
分布地点：位于吴忠市利通区金积镇西门村一队，海拔1124.6 m。
生长情况：长势较差，1.3 m以下分5枝，部分顶梢枯死。地径47.6 cm，树高8.9 m，胸径28.1 cm，冠幅8.6 m。
保护措施：挂牌保护，原挂牌号17号，无专人管护。
管护单位：无管护单位，集体所有。

10. 中宁圆枣 *Ziziphus jujuba*'Zhongning Yuanzao'

鼠李科 Rhamnaceae　　枣属 *Ziziphus*

类别：三级古树。
数量：1株。
树龄：135年。
分布地点：位于吴忠市利通区板桥乡早元村二队，海拔1120.5 m。
生长情况：长势较好，主干2 m处分2枝。树高16.1 m，胸径56.5 cm，冠幅11.6 m。
保护措施：挂牌保护，原挂牌号06号，无专人管护。
管护单位：无管护单位，集体所有。

11. 桑（家桑，桑树）*Morus alba*

桑科 Moraceae　　　桑属 *Morus*

类别： 三级古树。

数量： 2 株。

树龄： 131 年。

分布地点： 位于吴忠市利通区金积镇北门村银平公路南侧绿化带，海拔 1135 m。

生长情况： 长势旺盛，基部分生 2 根主干。平均树高 10.8 m，2 根主干胸径分别为 52.6 cm、46.6 cm。

保护措施： 挂牌保护，原挂牌号 15 号、16 号，无专人管护。

管护单位： 利通区林业和草原局，国家所有。

12. 桑（家桑，桑树）*Morus alba*

桑科 Moraceae　　　桑属 *Morus*

类别： 三级古树。

数量： 1 株。

树龄： 150 年。

分布地点： 位于吴忠市利通区金积镇北门村银平公路南侧绿化带，海拔 1135 m。

生长情况： 长势旺盛。树高 11.5 m，胸径 64.2 cm，冠幅 11.5 m。

保护措施： 挂牌保护，原挂牌号 14 号，无专人管护。

管护单位： 利通区林业和草原局，国家所有。

13. 长把梨 Pyrus bretschneideri 'Changba'

蔷薇科 Rosaceae　　梨属 Pyrus

类别： 三级古树。
数量： 1株。
树龄： 141年。
分布地点： 位于吴忠市利通区板桥乡罗家湖村村民老宅，海拔1081 m。
生长情况： 长势一般，部分顶梢枯死。树高12.2 m，胸径37.6 cm，冠幅11 m。
保护措施： 挂牌保护，原挂牌号08号，无专人管护。
管护单位： 无管护单位，个人所有。

14. 长把梨 Pyrus bretschneideri 'Changba'

蔷薇科 Rosaceae　　梨属 Pyrus

类别： 三级古树。
数量： 1株。
树龄： 141年。
分布地点： 位于吴忠市利通区板桥乡罗家湖村村民老宅，海拔1081.3 m。
生长情况： 长势一般，主干1 m处分2杈，部分顶梢枯死。树高12.3 m，地径55.1 cm，冠幅12 m。
保护措施： 挂牌保护，原挂牌号07号，无专人管护。
管护单位： 无管护单位，个人所有。

15. 槐（国槐）*Sophora japonica*

豆科 Leguminosae　　槐属 *Sophora*

类别： 三级古树。
数量： 1 株。
树龄： 107 年。
分布地点： 位于吴忠市利通区上桥镇军分区大院内，海拔 1095.8 m。
生长情况： 主干 2.5 m 处分生 2 根主枝，长势较好。树高 17.2 m，胸径 95.4 cm，冠幅 15.5 m。
保护措施： 挂牌并围栏保护，原挂牌号 26 号，无专人管护。
管护单位： 利通区林业和草原局，国家所有。

16. 桑（家桑，桑树）*Morus alba*

桑科 Moraceae　　桑属 *Morus*

类别： 三级古树。
数量： 1 株。
树龄： 180 年。
分布地点： 位于吴忠市利通区古城镇古城村八队 150 m 处，海拔 1122.3 m。
生长情况： 长势旺盛。树高 13.2 m，胸径 114 cm，冠幅 16 m。
保护措施： 挂牌并围栏保护，原挂牌号 01 号，无专人管护。
管护单位： 利通区林业和草原局，集体所有。

17. 花红（奈子，沙果）*Malus asiatica*

蔷薇科 Rosaceae　　苹果属 *Malus*

类别：三级古树。
数量：5 株，面积 400 m²。
平均树龄：150 年。
分布地点：位于吴忠市利通区板桥乡早元村一队，海拔 1078.2 m。
生长情况：长势一般，主干已经死亡，有火烧痕迹。平均树高 8.5 m，平均胸径 44.5 cm，平均冠幅 7.5 m。
保护措施：挂牌保护，原挂牌号 9 号至 13 号，有专人管护。
管护单位：利通区林业和草原局，集体所有。

18. 灵武长枣 *Ziziphus jujuba* 'Lingwuchangzao'

鼠李科 Rhamnaceae　　枣属 *Ziziphus*

类别：三级古树。
数量：4 株，面积 320 m²。
平均树龄：140 年。
分布地点：位于吴忠市利通区板桥乡洼渠村七队，海拔 1128.5 m。
生长情况：长势旺盛。平均树高 14.3 m，平均胸径 38.3 cm，平均冠幅 1.6 m。
保护措施：挂牌保护，原挂牌号 2 号至 5 号，有专人管护。
管护单位：利通区林业和草原局，集体所有。

青铜峡市（9处9株古树，1处古树群）

1. 旱柳 *Salix matsudana*

杨柳科 Salicaceae　　柳属 *Salix*

类别：三级古树。
数量：1株。
树龄：110年。
分布地点：位于吴忠市青铜峡市大坝镇韦桥村渠首管理处，海拔1138 m。
生长情况：长势旺盛。树高24 m，胸径112 cm，冠幅8 m。
保护措施：未挂牌保护，有专人管护。
管护单位：渠首管理处，集体所有。

2. 旱柳 *Salix matsudana*

杨柳科 Salicaceae　　柳属 *Salix*

类别：三级古树。
数量：1株。
树龄：110年。
分布地点：位于吴忠市青铜峡市大坝镇韦桥村渠首管理处，海拔1138 m。
生长情况：长势旺盛，树体高大，树干扭曲。树高16.7 m，胸径162 cm，冠幅6 m。
保护措施：未挂牌保护，有专人管护。
管护单位：渠首管理处，集体所有。

3. 刺槐 *Robinia pseudoacacia*

豆科 Leguminosae　　刺槐属 *Robinia*

类别： 三级古树。
数量： 1株。
树龄： 120年。
分布地点： 位于吴忠市青铜峡市小坝镇古峡东街，海拔 1128 m。
生长情况： 长势较差，树体只剩主干，侧枝被伐。树高 16 m，胸径 81 cm，冠幅 6 m。
保护措施： 挂牌并围栏保护，原挂牌号 001，有专人管护。
管护单位： 青铜峡市林业和草原局，集体所有。

4. 刺槐 *Robinia pseudoacacia*

豆科 Leguminosae　　刺槐属 *Robinia*

类别： 三级古树。
数量： 1株。
树龄： 120年。
分布地点： 位于吴忠市青铜峡市小坝镇古峡东街，海拔 1128 m。
生长情况： 长势较差，树体只剩主干，粗大侧枝被伐。树高 13.2 m，胸径 118 cm，冠幅 8 m。
保护措施： 挂牌保护，原挂牌号 002，有专人管护。
管护单位： 青铜峡市林业和草原局，集体所有。

5. 臭椿 *Ailanthus altissima*

苦木科 Simaroubaceae　　臭椿属 *Ailanthus*

类别：三级古树。
数量：1 株。
树龄：110 年。
分布地点：位于吴忠市青铜峡市大坝镇蒋南村护国寺内，海拔 1134 m。
生长情况：长势一般，树形优美。树高 12 m，胸径 59 cm，冠幅 14 m。
保护措施：未挂牌保护，有专人管护。
管护单位：护国寺，集体所有。

6. 臭椿 *Ailanthus altissima*

苦木科 Simaroubaceae　　臭椿属 *Ailanthus*

类别：三级古树。
数量：1 株。
树龄：110 年。
分布地点：位于吴忠市青铜峡市大坝镇蒋南村护国寺内，海拔 1134 m。
生长情况：长势一般，树枝向外延伸，树形优美。树高 10 m，胸径 80 cm，冠幅 15 m。
保护措施：未挂牌保护，有专人管护。
管护单位：护国寺，集体所有。

7. 臭椿 *Ailanthus altissima*

苦木科 Simaroubaceae　　臭椿属 *Ailanthus*

类别： 三级古树。
数量： 1株。
树龄： 120年。
分布地点： 位于吴忠市青铜峡市瞿靖镇朝阳村太平庙内，海拔1131 m。
生长情况： 树枝向外延伸，树形优美。树高15 m，胸径69 cm，冠幅15 m。
保护措施： 未挂牌保护，无专人管护。
管护单位： 太平庙，集体所有。

8. 胡桃（核桃）*Juglans regia*

胡桃科 Juglandaceae　　胡桃属 *Juglans*

类别： 三级古树。
数量： 1株。
树龄： 110年。
分布地点： 位于吴忠市青铜峡市叶盛镇龙门村四队，海拔1123 m。
生长情况： 长势旺盛，树体高大，树枝向外延伸。树高10 m，胸径80 cm，冠幅15 m。
保护措施： 未挂牌保护，有专人管护。
管护单位： 个人管护，个人所有。

9. 胡桃（核桃）*Juglans regia*

胡桃科 Juglandaceae　　胡桃属 *Juglans*

类别： 三级古树。
数量： 1 株。
树龄： 120 年。
分布地点： 位于吴忠市青铜峡市叶盛镇龙门村四队，海拔 1123 m。
生长情况： 长势旺盛，树体高大。树高 15 m，胸径 111 cm，冠幅 13 m。
保护措施： 未挂牌保护，有专人管护。
管护单位： 个人管护，个人所有。

10. 枣 *Ziziphus jujuba*

鼠李科 Rhamnaceae　　枣属 *Ziziphus*

类别： 三级古树。
数量： 320 株，面积 9004 m^2。
平均树龄： 150 年。
分布地点： 位于吴忠市青铜峡市大坝镇陈俊村，海拔 1135 m。
生长情况： 树体高大，长势旺盛。平均树高 14 m，平均胸径 44 cm，平均冠幅 7.5 m。
保护措施： 挂牌保护，有专人管护。
管护单位： 青铜峡市林业和草原局，集体所有。

盐池县（18 处 18 株古树，1 处古树群）

1. 旱柳 *Salix matsudana*

杨柳科 Salicaceae　　柳属 *Salix*

类别： 三级古树。
数量： 1 株。
树龄： 100 年。
分布地点： 位于吴忠市盐池县惠安堡镇麦草掌村施天池低山处，海拔 1579.7 m。
生长情况： 长势旺盛，树体高大、挺拔。树高 16 m，胸径 295 cm，冠幅 10 m。
保护措施： 未挂牌保护，无专人管护。
管护单位： 施天池村民，集体所有。

2. 旱柳 *Salix matsudana*

杨柳科 Salicaceae　　柳属 *Salix*

类别： 三级古树。
数量： 1 株。
树龄： 100 年。
分布地点： 位于吴忠市盐池县惠安堡镇麦草掌村施天池低山处，海拔 1572.9 m。
生长情况： 长势旺盛。树高 9 m，胸径 320 cm，冠幅 7 m。
保护措施： 未挂牌保护，无专人管护。
管护单位： 施天池村民，集体所有。

3. 榆树（白榆）*Ulmus pumila*

榆科 Ulmaceae　　榆属 *Ulmus*

类别： 三级古树。
数量： 1 株。
树龄： 100 年。
分布地点： 位于吴忠市盐池县惠安堡镇麦草掌村施天池低山处，海拔 1579.1 m。
生长情况： 长势一般，树枝开张，向外延伸，树冠圆满。树高 13 m，胸径 75 cm，冠幅 14 m。
保护措施： 未挂牌保护，无专人管护。
管护单位： 施天池村民，集体所有。

4. 榆树（白榆）*Ulmus pumila*

榆科 Ulmaceae　　榆属 *Ulmus*

类别： 三级古树。
数量： 1 株。
树龄： 200 年。
分布地点： 位于吴忠市盐池县惠安堡镇麦草掌村施天池低山处，海拔 1565.2 m。
生长情况： 长势旺盛。树高 18 m，胸径 114 cm，冠幅 16 m。
保护措施： 未挂牌保护，无专人管护。
管护单位： 施天池村民，集体所有。

5. 榆树（白榆）*Ulmus pumila*

榆科 Ulmaceae　　榆属 *Ulmus*

类别： 三级古树。
数量： 1 株。
树龄： 100 年。
分布地点： 位于吴忠市盐池县惠安堡镇杨儿庄村，海拔 1383.8 m。
生长情况： 长势一般，侧枝向外延伸，树冠圆满。树高 15 m，胸径 210 cm，冠幅 17 m。
保护措施： 未挂牌保护，无专人管护。
管护单位： 无管护单位，集体所有。

6. 榆树（白榆）*Ulmus pumila*

榆科 Ulmaceae　　榆属 *Ulmus*

类别： 三级古树。
数量： 1 株。
树龄： 100 年。
分布地点： 位于吴忠市盐池县惠安堡镇隰宁堡村，海拔 1343.2 m。
生长情况： 长势一般，主干分杈，树枝向外延伸。树高 10 m，胸径 60 cm，冠幅 12 m。
保护措施： 未挂牌保护，无专人管护。
管护单位： 无管护单位，集体所有。

7. 榆树（白榆）*Ulmus pumila*

榆科 Ulmaceae　　榆属 *Ulmus*

类别： 三级古树。
数量： 1株。
树龄： 100年。
分布地点： 位于吴忠市盐池县惠安堡镇隰宁堡村，海拔1343.8 m。
生长情况： 长势一般，树体高大，树冠圆满。树高13 m，胸径61 cm，冠幅12 m。
保护措施： 未挂牌保护，无专人管护。
管护单位： 无管护单位，集体所有。

8. 榆树（白榆）*Ulmus pumila*

榆科 Ulmaceae　　榆属 *Ulmus*

类别： 三级古树。
数量： 1株。
树龄： 100年。
分布地点： 位于吴忠市盐池县惠安堡镇隰宁堡村，海拔1342.4 m。
生长情况： 长势一般，树干1.5 m以上分杈，树枝向外延伸，树冠圆满。树高10 m，胸径55 cm，冠幅9 m。
保护措施： 未挂牌保护，无专人管护。
管护单位： 无管护单位，集体所有。

9. 榆树（白榆）*Ulmus pumila*

榆科 Ulmaceae　　榆属 *Ulmus*

类别： 三级古树。
数量： 1株。
树龄： 100年。
分布地点： 位于吴忠市盐池县大水坑镇柳条井村，海拔1502.2 m。
生长情况： 长势一般，树干扭曲，树枝向外延伸。树高8 m，胸径75 m，冠幅8.5 m。
保护措施： 未挂牌保护，树体周围有砖砌围栏，无专人管护。
管护单位： 无管护单位，集体所有。

10. 榆树（白榆）*Ulmus pumila*

榆科 Ulmaceae　　榆属 *Ulmus*

类别： 三级古树。
数量： 1株。
树龄： 100年。
分布地点： 位于吴忠市盐池县大水坑镇柳条井村无量观音寺内，海拔1502.2 m。
生长情况： 长势一般，树干向上斜生，树枝扭曲。树高8 m，胸径75 cm，冠幅8.5 m。
保护措施： 未挂牌保护，树体周围有砖砌围栏，无专人管护。
管护单位： 无管护单位，集体所有。

11. 旱柳 *Salix matsudana*

杨柳科 Salicaceae　　柳属 *Salix*

类别： 三级古树。
数量： 1 株。
树龄： 100 年。
分布地点： 位于吴忠市盐池县青山乡方山村，海拔 1518.6 m。
生长情况： 长势一般，树体高大。树高 17 m，胸径 78 cm，冠幅 7.5 m。
保护措施： 未挂牌保护，无专人管护。
管护单位： 无管护单位，集体所有。

12. 杏 *Armeniaca vulgaris*

蔷薇科 Rosaceae　　杏属 *Armeniaca*

类别： 三级古树。
数量： 1 株。
树龄： 100 年。
分布地点： 位于吴忠市盐池县青山乡方山村，海拔 1524.8 m。
生长情况： 长势一般，树干分杈，树枝向外延伸，树冠圆满。树高 6 m，胸径 67 cm，冠幅 5 m。
保护措施： 未挂牌保护，无专人管护。
管护单位： 无管护单位，集体所有。

13. 杏 *Armeniaca vulgaris*

蔷薇科 Rosaceae　　杏属 *Armeniaca*

类别： 三级古树。
数量： 1株。
树龄： 100年。
分布地点： 位于吴忠市盐池县青山乡方山村，海拔1524.8 m。
生长情况： 长势一般，主干分杈，树枝向外延伸，树冠圆满。树高7 m，胸径61 cm，冠幅6.5 m。
保护措施： 未挂牌保护，无专人管护。
管护单位： 无管护单位，集体所有。

14. 杏 *Armeniaca vulgaris*

蔷薇科 Rosaceae　　杏属 *Armeniaca*

类别： 三级古树。
数量： 1株。
树龄： 100年。
分布地点： 位于吴忠市盐池县青山乡月儿泉村，海拔1501.4 m。
生长情况： 长势一般，树枝向外延伸，树冠圆满。树高7 m，胸径51 cm，冠幅6 m。
保护措施： 未挂牌保护，无专人管护。
管护单位： 无管护单位，集体所有。

15. 杏 *Armeniaca vulgaris*

蔷薇科 Rosaceae　　杏属 *Armeniaca*

类别： 三级古树。
数量： 1 株。
树龄： 100 年。
分布地点： 位于吴忠市盐池县青山乡月儿泉村，海拔 1499.3 m。
生长情况： 长势一般，主干粗壮，树枝向外延伸，树冠圆满。树高 8 m，胸径 56 cm，冠幅 7 m。
保护措施： 未挂牌保护，无专人管护。
管护单位： 无管护单位，集体所有。

16. 杏 *Armeniaca vulgaris*

蔷薇科 Rosaceae　　杏属 *Armeniaca*

类别： 三级古树。
数量： 1 株。
树龄： 100 年。
分布地点： 位于吴忠市盐池县青山乡月儿泉村，海拔 1499.3 m。
生长情况： 长势一般，主干偏斜，树枝反向延伸。树高 8 m，胸径 57 cm，冠幅 7 m。
保护措施： 未挂牌保护，无专人管护。
管护单位： 无管护单位，集体所有。

17. 榆树（白榆）*Ulmus pumila*

榆科 Ulmaceae　　榆属 *Ulmus*

类别： 三级古树。
数量： 1株。
树龄： 100年。
分布地点： 位于吴忠市盐池县青山乡青山村侯家河，海拔1504.7 m。
生长情况： 长势一般，树枝向外延伸，树冠圆满。树高17 m，胸径80 cm，冠幅14 m。
保护措施： 未挂牌保护。
管护单位： 个人管护，个人所有。

18. 杏 *Armeniaca vulgaris*

蔷薇科 Rosaceae　　杏属 *Armeniaca*

类别： 三级古树。
数量： 1株。
树龄： 100年。
分布地点： 位于吴忠市盐池县青山乡青山村侯家河，海拔1572.6 m。
生长情况： 长势一般，树干基部分杈，树枝向两侧延伸。树高8 m，胸径190 cm，冠幅9 m。
保护措施： 未挂牌保护。
管护单位： 个人管护，个人所有。

19. 榆树（白榆）*Ulmus pumila*

榆科 Ulmaceae　　　榆属 *Ulmus*

类别： 三级古树。
数量： 4 株，面积 643 m^2。
平均树龄： 100 年。
分布地点： 位于吴忠市盐池县惠安堡镇麦草掌村施天池，海拔 1581.5 m。
生长情况： 4 株树呈正方形栽植，株与株间隔 8 m，树干基部分杈，侧枝向上斜生，长势一般。平均树高 11 m，平均胸径 125 cm，平均冠幅 8 m。
保护措施： 未挂牌保护，无专人管护。
管护单位： 盐池县林业和草原局，集体所有。

同心县（11 处 13 株古树，8 处古树群）

1. 榆树（白榆）*Ulmus pumila*

榆科 Ulmaceae　　　榆属 *Ulmus*

类别： 三级古树。
数量： 1 株。
树龄： 150 年。
分布地点： 位于吴忠市同心县马高庄乡白阳洼村，海拔 1516.7 m。
生长情况： 长势旺盛。树高 29 m，胸径 46 cm，冠幅 18 m。
保护措施： 未挂牌保护，无专人管护。
管护单位： 同心县生态林场，集体所有。

2. 槐（国槐）*Sophora japonica*

豆科 Leguminosae　　槐属 *Sophora*

类别： 三级古树。
数量： 1 株。
树龄： 214 年。
分布地点： 位于吴忠市同心县田老庄乡白家湾村，海拔 1704.3 m。
生长情况： 长势一般，主干通直。树高 23 m，胸径 45 cm，冠幅 14 m。
保护措施： 挂牌保护，原挂牌号 2016265，无专人管护。
管护单位： 同心县生态林场，其他所有。

3. 榆树（白榆）*Ulmus pumila*

榆科 Ulmaceae　　榆属 *Ulmus*

类别： 三级古树。
数量： 1 株。
树龄： 102 年。
分布地点： 位于吴忠市同心县预旺镇青羊泉村，海拔 1590.4 m。
生长情况： 长势一般。树高 25 m，胸径 46 cm，冠幅 17 m。
保护措施： 未挂牌保护，有专人管护。
管护单位： 个人管护，个人所有。

4. 旱柳 *Salix matsudana*

杨柳科 Salicaceae　　柳属 *Salix*

类别： 三级古树。
数量： 1株。
树龄： 103年。
分布地点： 位于吴忠市同心县张家塬乡海棠湖村海棠湖，海拔1678.03 m。
生长情况： 长势旺盛。树高25 m，胸径46 cm，冠幅15 m。
保护措施： 未挂牌保护，有专人管护。
管护单位： 个人管护，个人所有。

5. 榆树（白榆）*Ulmus pumila*

榆科 Ulmaceae　　榆属 *Ulmus*

类别： 三级古树。
数量： 1株。
树龄： 120年。
分布地点： 位于吴忠市同心县预旺镇田老庄乡车路沟村，海拔1785.4 m。
生长情况： 长势旺盛。树高18 m，胸径48 cm，冠幅20 m。
保护措施： 未挂牌保护，无专人管护。
管护单位： 同心县生态林场，集体所有。

6. 同心圆枣 *Ziziphus Jujuba* 'Tongxin Yuanzao'

鼠李科 Rhamnaceae　　枣属 *Ziziphus*

类别： 三级古树。
数量： 1 株。
树龄： 214 年。
分布地点： 位于吴忠市同心县王团镇黄草岭村，海拔 1430.5 m。
生长情况： 长势旺盛。树高 21 m，胸径 45 cm，冠幅 20 m。
传说或来历： 清朝晚期栽种，相传从山西或甘肃引进。
保护措施： 挂牌保护，原挂牌号 2016219，有专人管护。
管护单位： 个人管护，个人所有。

7. 同心圆枣 *Ziziphus Jujuba* 'Tongxin Yuanzao'

鼠李科 Rhamnaceae　　枣属 *Ziziphus*

类别： 三级古树。
数量： 1 株。
树龄： 201 年。
分布地点： 位于吴忠市同心县王团镇黄草岭村，海拔 1426.1 m。
生长情况： 长势旺盛。树高 27 m，胸径 40 cm，冠幅 20 m。
传说或来历： 清朝晚期栽种，相传从山西或甘肃引进。
保护措施： 挂牌保护，原挂牌号 2016218，有专人管护。
管护单位： 个人管护，个人所有。

8. 同心圆枣 *Ziziphus Jujuba* 'Tongxin Yuanzao'

鼠李科 Rhamnaceae　　枣属 *Ziziphus*

类别： 二级古树。

数量： 1株。

树龄： 320年。

分布地点： 位于吴忠市同心县王团镇黄草岭村，海拔1438.5 m。

生长情况： 长势一般。树高24 m，胸径45 cm，冠幅19 m。

传说或来历： 清朝康熙年间栽种，相传从山西或甘肃引进。

保护措施： 挂牌保护，原挂牌号2016217，有专人管护。

管护单位： 个人管护，个人所有。

9. 榆树（白榆）*Ulmus pumila*

榆科 Ulmaceae　　榆属 *Ulmus*

类别： 三级古树。

数量： 2株。

树龄： 175年。

分布地点： 位于吴忠市同心县王团镇黄草岭村，海拔1446.6 m。

生长情况： 长势一般。平均树高25 m，平均胸径46 cm，平均冠幅15 m。

保护措施： 挂牌保护，原挂牌号2016216，有专人管护。

管护单位： 黄草岭村村委会，集体所有。

吴忠市

10. 宁夏枸杞 *Lycium barbarum*

茄科 Solanaceae　　枸杞属 *Lycium*

类别： 三级古树。
数量： 1 株。
树龄： 116 年。
分布地点： 位于吴忠市同心县豫海镇城二村同心清真大寺内，海拔 1295.4 m。
生长情况： 长势一般。树高 2.8 m，冠幅 3.2 m。
保护措施： 挂牌保护，原挂牌号 2016163，有专人管护。
管护单位： 同心清真大寺，国家所有。

11. 柽柳 *Tamarix chinensis*

柽柳科 Tamaricaceae　　柽柳属 *Tamarix*

类别： 二级古树。
数量： 2 株。
树龄： 326 年。
分布地点： 位于吴忠市同心县马高庄乡张家岔村，海拔 1532.8 m。
生长情况： 长势一般。平均树高 3.5 m，平均胸径 58 m，平均冠幅 5.9 m。
传说或来历： 相传于清朝康熙年间栽种。
保护措施： 未挂牌保护，有专人管护。
管护单位： 个人管护，个人所有。

12. 榆树（白榆）*Ulmus pumila*

榆科 Ulmaceae　　榆属 *Ulmus*

类别： 三级古树。
数量： 37 株，面积 10627 m²。
平均树龄： 109 年。
分布地点： 位于吴忠市同心县张家塬乡海棠湖村海棠湖，海拔 1843.2 m。
生长情况： 长势旺盛。平均树高 21 m，平均胸径 42 cm，平均冠幅 11 m。
保护措施： 未挂牌保护，有专人管护。
管护单位： 个人管护，个人所有。

13. 榆树（白榆）*Ulmus pumila*

榆科 Ulmaceae　　榆属 *Ulmus*

类别： 三级古树。
数量： 7 株，面积 5336 m²。
平均树龄： 128 年。
分布地点： 位于吴忠市同心县张家塬乡海棠湖村海棠湖，海拔 1659.8 m。
生长情况： 长势旺盛。平均树高 22 m，平均胸径 38 cm，平均冠幅 12 m。
保护措施： 未挂牌保护，有专人管护。
管护单位： 个人管护，集体所有。

14. 榆树（白榆）*Ulmus pumila*

榆科 Ulmaceae　　榆属 *Ulmus*

类别： 二级古树。
数量： 3 株，面积 2668 m²。
平均树龄： 335 年。
分布地点： 位于吴忠市同心县预旺镇李洼子村，海拔 1723.2 m。
生长情况： 长势旺盛。平均树高 28 m，平均胸径 48 cm，平均冠幅 25 m。
保护措施： 未挂牌保护，无专人管护。
管护单位： 同心县生态林场，集体所有。

15. 同心圆枣 *Ziziphus Jujuba*'Tongxin Yuanzao'

鼠李科 Rhamnaceae　　枣属 *Ziziphus*

类别： 三级古树。
数量： 15 株，面积 53360 m²。
平均树龄： 102 年。
分布地点： 位于吴忠市同心县王团镇大沟沿村，海拔 1392.7 m。
生长情况： 长势旺盛。平均树高 21 m，平均胸径 41 cm，平均冠幅 13 m。
保护措施： 未挂牌保护，有专人管护。
管护单位： 个人管护，个人所有。

16. 同心圆枣 *Ziziphus Jujuba* 'Tongxin Yuanzao'

鼠李科 Rhamnaceae　　枣属 *Ziziphus*

类别： 三级古树。

数量： 87 株，面积 266800 m²。

平均树龄： 100 年。

分布地点： 位于吴忠市同心县王团镇黄草岭村，海拔 1419.1 m。

生长情况： 长势旺盛。平均树高 21 m，平均胸径 35 cm，平均冠幅 21 m。

传说或来历： 相传为当地村民先辈从山西或甘肃引进。

保护措施： 仅有 3 株挂牌保护，其余未挂牌保护，有专人管护。

管护单位： 个人管护，个人所有。

17. 柽柳 *Tamarix chinensis*

柽柳科 Tamaricaceae　　柽柳属 *Tamarix*

类别： 三级古树。

数量： 5 株，面积 667 m²。

平均树龄： 121 年。

分布地点： 位于吴忠市同心县兴隆乡李堡村行政广场，海拔 1297.4 m。

生长情况： 长势旺盛。平均树高 8 m，平均胸径 25 cm，平均冠幅 5 m。

保护措施： 未挂牌保护，无专人管护。

管护单位： 同心县住房和城乡建设局，集体所有。

18. 榆树（白榆）Ulmus pumila

榆科 Ulmaceae　　榆属 Ulmus

类别：三级古树。
数量：30 株，面积 2125 m²。
平均树龄：100 年。
分布地点：位于吴忠市同心县田老庄乡白家湾村，海拔 1693 m。
生长情况：长势旺盛。平均树高 22 m，平均胸径 44 cm，平均冠幅 16 m。
保护措施：部分挂牌保护，原挂牌号 2016270、2016266，无专人管护。
管护单位：同心县生态林场，集体所有。

19. 榆树（白榆）Ulmus pumila

榆科 Ulmaceae　　榆属 Ulmus

类别：三级古树。
数量：3 株，面积 408 m²。
平均树龄：127 年。
分布地点：位于吴忠市同心县张家塬乡海棠湖村，海拔 1666.5 m。
生长情况：长势一般。平均树高 24 m，平均胸径 39 cm，平均冠幅 8 m。
保护措施：未挂牌保护，有专人管护。
管护单位：个人管护，个人所有。

红寺堡区（5 处 5 株古树，3 处古树群）

1. 酸枣 *Ziziphus jujuba* var. *spinosa*

鼠李科 Rhamnaceae　　枣属 *Ziziphus*

类别： 三级古树。
数量： 1 株。
树龄： 100 年。
分布地点： 位于吴忠市红寺堡区柳泉乡方家圈北海林场酸枣梁，海拔 1301.3 m。
生长情况： 长势旺盛。树高 8.9 m，胸径 34.6 cm，冠幅 6.5 m。
保护措施： 未挂牌保护，有专人管护。
管护单位： 红寺堡区北海林场，国家所有。

2. 酸枣 *Ziziphus jujuba* var. *spinosa*

鼠李科 Rhamnaceae　　枣属 *Ziziphus*

类别： 三级古树。
数量： 1 株。
树龄： 100 年。
分布地点： 位于吴忠市红寺堡区柳泉乡方家圈北海林场酸枣梁，海拔 1280.4 m。
生长情况： 长势一般。树高 8.2 m，胸径 22 cm，冠幅 4.1 m。
保护措施： 未挂牌保护，有专人管护。
管护单位： 红寺堡区北海林场，国家所有。

3. 酸枣 *Ziziphus jujuba* var. *spinosa*

鼠李科 Rhamnaceae　　枣属 *Ziziphus*

类别：三级古树。
数量：1 株。
树龄：100 年。
分布地点：位于吴忠市红寺堡区柳泉乡骆驼脖项大桥边，海拔 1280.5 m。
生长情况：长势一般。树高 4.5 m，胸径 16 cm，冠幅 4.5 m。
保护措施：未挂牌保护，有专人管护。
管护单位：红寺堡区北海林场，国家所有。

4. 酸枣 *Ziziphus jujuba* var. *spinosa*

鼠李科 Rhamnaceae　　枣属 *Ziziphus*

类别：三级古树。
数量：1 株。
树龄：100 年。
分布地点：位于吴忠市红寺堡区柳泉乡阴洼子管护点，海拔 1290.4 m。
生长情况：长势一般。树高 5.5 m，胸径 30 cm，冠幅 6.1 m。
保护措施：未挂牌保护，有专人管护。
管护单位：红寺堡区北海林场，国家所有。

5. 酸枣 *Ziziphus jujuba* var. *spinosa*

鼠李科 Rhamnaceae　　枣属 *Ziziphus*

类别： 三级古树。

数量： 1株。

树龄： 100年。

分布地点： 位于吴忠市红寺堡区柳泉乡潘家庙子，海拔1290.5 m。

生长情况： 长势一般。树高5.1 m，胸径25 cm，冠幅5.5 m。

保护措施： 未挂牌保护，有专人管护。

管护单位： 红寺堡区北海林场，国家所有。

6. 酸枣 *Ziziphus jujuba* var. *spinosa*

鼠李科 Rhamnaceae　　枣属 *Ziziphus*

类别： 三级古树。

数量： 3株，面积300 m²。

平均树龄： 100年。

分布地点： 位于吴忠市红寺堡区柳泉乡潘家庙子，海拔1295 m。

生长情况： 长势一般。平均树高5.8 m，平均胸径18.5 cm，平均冠幅4.5 m。

保护措施： 未挂牌保护，有专人管护。

管护单位： 红寺堡区北海林场，国家所有。

7. 酸枣 *Ziziphus jujuba* var. *spinosa*

鼠李科 Rhamnaceae　　枣属 *Ziziphus*

类别： 三级古树。
数量： 5 株，面积 300 m²。
平均树龄： 100 年。
分布地点： 位于吴忠市红寺堡区柳泉乡阴洼子管护点，海拔 1295.5 m。
生长情况： 长势一般。平均树高 8.6 m，平均胸径 26 cm，平均冠幅 3.5 m。
保护措施： 未挂牌保护，有专人保护。
管护单位： 红寺堡区北海林场，国家所有。

8. 酸枣 *Ziziphus jujuba* var. *spinosa*

鼠李科 Rhamnaceae　　枣属 *Ziziphus*

类别： 三级古树。
数量： 3 株，面积 240 m²。
平均树龄： 100 年。
分布地点： 位于吴忠市红寺堡区柳泉乡阴洼子管护点，海拔 1295.5 m。
生长情况： 长势一般。平均树高 5.8 m，平均胸径 13.5 cm，平均冠幅 3.5 m。
保护措施： 未挂牌保护，有专人管护。
管护单位： 红寺堡区北海林场，国家所有。

202 株古树
49 处古树群

原州区（34 处 40 株古树，17 处古树群）

1. 旱柳 *Salix matsudana*

杨柳科 Salicaceae　　柳属 *Salix*

类别： 三级古树。
数量： 1 株。
树龄： 100 年。
分布地点： 位于固原市原州区开城镇大马庄村，海拔 1766 m。
生长情况： 长势旺盛。树高 16 m，胸径 120 cm，冠幅 19 m。
保护措施： 未挂牌保护。
管护单位： 无管护单位，国家所有。

2. 旱柳 *Salix matsudana*

杨柳科 Salicaceae　　柳属 *Salix*

类别： 三级古树。
数量： 1 株。
树龄： 110 年。
分布地点： 位于固原市原州区开城镇和泉村中庄水库，海拔 1917 m。
生长情况： 长势旺盛。树高 19 m，胸径 87 cm，冠幅 10 m。
保护措施： 未挂牌保护。
管护单位： 无管护单位，国家所有。

3. 垂柳 *Salix babylonica*

杨柳科 Salicaceae　　柳属 *Salix*

类别： 三级古树。
数量： 1 株。
树龄： 108 年。
分布地点： 位于固原市原州区东红村，海拔 1675.1 m。
生长情况： 长势旺盛，树冠开展而疏散。树高 20 m，胸径 70 cm，冠幅 24 m。
保护措施： 未挂牌保护。
管护单位： 无管护单位，个人所有。

4. 旱柳 *Salix matsudana*

杨柳科 Salicaceae　　柳属 *Salix*

类别： 三级古树。
数量： 1 株。
树龄： 100 年。
分布地点： 位于固原市原州区固原古城墙遗址公园内，海拔 1689.2 m。
生长情况： 长势一般，大枝斜上，树冠广圆形。树高 10 m，胸径 120 cm，冠幅 8 m。
保护措施： 未挂牌保护。
管护单位： 原州区林业和草原局，国家所有。

5. 旱柳 *Salix matsudana*

杨柳科 Salicaceae   柳属 *Salix*

类别： 三级古树。
数量： 1株。
树龄： 125年。
分布地点： 位于固原市原州区炭山乡炭山村，海拔1874.2 m。
生长情况： 长势较差。树高18 m，胸径93 cm，冠幅12.6 m。
保护措施： 挂牌保护，原挂牌号201508054，有专人管护。
管护单位： 炭山乡人民政府，集体所有。

6. 胡桃（核桃） *Juglans regia*

胡桃科 Juglandaceae   胡桃属 *Juglans*

类别： 三级古树。
数量： 1株。
树龄： 145年。
分布地点： 位于固原市原州区黄铎堡镇穆滩村，海拔1741.7 m。
生长情况： 长势旺盛。树高19 m，胸径83.5 m，冠幅20 m。
保护措施： 挂牌保护，原挂牌号201508067，有专人管护。
管护单位： 穆滩村二队清真寺，集体所有。

7. 黑弹树 *Celtis bungeana*

榆科 Ulmaceae　　朴属 *Celtis*

类别： 一级古树。
数量： 1 株。
树龄： 510 年。
分布地点： 位于固原市原州区黄铎堡镇蝉塔山林场，海拔 1679.0 m。
生长情况： 长势旺盛。树高 14 m，胸径 75 cm，冠幅 14 m。
保护措施： 未挂牌保护。
管护单位： 黄铎堡镇人民政府，国家所有。

8. 旱榆（灰榆）*Ulmus glaucescens*

榆科 Ulmaceae　　榆属 *Ulmus*

类别： 一级古树。
数量： 1 株。
树龄： 505 年。
分布地点： 位于固原市原州区黄铎堡镇蝉塔山林场，海拔 1637.6 m。
生长情况： 长势旺盛。树高 5.5 m，胸径 95 cm，冠幅 16 m。
保护措施： 挂牌保护，原挂牌号 201508040，有专人管护。
管护单位： 黄铎堡镇人民政府，国家所有。

9. 杏 *Armeniaca vulgaris*

蔷薇科 Rosaceae　　杏属 *Armeniaca*

类别： 三级古树。
数量： 1株。
树龄： 155年。
分布地点： 位于固原市原州区黄铎堡镇蝉塔山林场，海拔1644.2 m。
生长情况： 长势旺盛。树高11 m，胸径62 cm，冠幅9.5 m。
保护措施： 未挂牌保护。
管护单位： 黄铎堡镇人民政府，国家所有。

10. 旱榆（灰榆）*Ulmus glaucescens*

榆科 Ulmaceae　　榆属 *Ulmus*

类别： 二级古树。
数量： 1株。
树龄： 400年。
分布地点： 位于固原市原州区黄铎堡镇蝉塔山林场，海拔1643.2 m。
生长情况： 长势旺盛。树高7 m，胸径47 cm，冠幅8 m。
保护措施： 未挂牌保护。
管护单位： 黄铎堡镇人民政府，国家所有。

11. 侧柏 *Platycladus orientalis*

柏科 Cupressaceae　　侧柏属 *Platycladus*

类别： 三级古树。
数量： 2 株。
树龄： 210 年。
分布地点： 位于固原市原州区黄铎堡镇羊圈堡村，海拔 1581 m。
生长情况： 长势一般。平均树高 9 m，平均胸径 43 cm，平均冠幅 7 m。
保护措施： 未挂牌保护。
管护单位： 无管护单位，国家所有。

12. 旱榆（灰榆）*Ulmus glaucescens*

榆科 Ulmaceae　　榆属 *Ulmus*

类别： 三级古树。
数量： 1 株。
树龄： 100 年。
分布地点： 位于固原市原州区头营镇马园村沈家河，海拔 1543.3 m。
生长情况： 长势一般。树高 17.5 m，胸径 130 cm，冠幅 22 m。
保护措施： 未挂牌保护。
管护单位： 无管护单位，国家所有。

13. 旱柳 *Salix matsudana*

杨柳科 Salicaceae　　柳属 *Salix*

类别：三级古树。
数量：2 株。
树龄：150 年。
分布地点：位于固原市原州区彭堡镇别庄村，海拔 1663.5 m。
生长情况：长势旺盛。平均树高 25 m，平均胸径 98 cm，平均冠幅 18 m。
保护措施：未挂牌保护。
管护单位：无管护单位，个人所有。

14. 旱柳 *Salix matsudana*

杨柳科 Salicaceae　　柳属 *Salix*

类别：三级古树。
数量：2 株。
树龄：120 年。
分布地点：位于固原市原州区彭堡镇闫堡村，海拔 1626.2 m。
生长情况：长势旺盛。平均树高 17 m，平均胸径 92 cm，平均冠幅 13 m。
保护措施：未挂牌保护。
管护单位：无管护单位，国家所有。

15. 旱柳 *Salix matsudana*

杨柳科 Salicaceae　　柳属 *Salix*

类别： 三级古树。
数量： 2 株。
树龄： 207 年。
分布地点： 位于固原市原州区河川乡寨洼村，海拔 1755.9 m。
生长情况： 长势一般。平均树高 22 m，平均胸径 106 cm，平均冠幅 24 m。
保护措施： 挂牌保护，原挂牌号 201508012，有专人管护。
管护单位： 河川乡人民政府，集体所有。

16. 旱柳 *Salix matsudana*

杨柳科 Salicaceae　　柳属 *Salix*

类别： 三级古树。
数量： 1 株。
树龄： 125 年。
分布地点： 位于固原市原州区河川乡吕坪村古树林场，海拔 1581.6 m。
生长情况： 长势一般。树高 21 m，胸径 150 cm，冠幅 14 m。
保护措施： 未挂牌保护。
管护单位： 无管护单位，国家所有。

17. 旱柳 *Salix matsudana*

杨柳科 Salicaceae　　柳属 *Salix*

类别：三级古树。
数量：1 株。
树龄：157 年。
分布地点：位于固原市原州区河川乡吕坪村古树林场，海拔 1587 m。
生长情况：长势旺盛。树高 19 m，胸径 120 cm，冠幅 18 m。
保护措施：挂牌保护，原挂牌号 201508002，有专人管护。
管护单位：河川乡人民政府，个人所有。

18. 旱柳 *Salix matsudana*

杨柳科 Salicaceae　　柳属 *Salix*

类别：三级古树。
数量：1 株。
树龄：155 年。
分布地点：位于固原市原州区河川乡吕坪村古树林场，海拔 1581 m。
生长情况：长势一般。树高 16 m，胸径 90 cm，冠幅 11 m。
保护措施：未挂牌保护。
管护单位：无管护单位，国家所有。

19. 旱柳 *Salix matsudana*

杨柳科 Salicaceae　　柳属 *Salix*

类别： 三级古树。
数量： 1 株。
树龄： 155 年。
分布地点： 位于固原市原州区河川乡吕坪村古树林场，海拔 1582.1 m。
生长情况： 长势一般。树高 19 m，胸径 120 cm，冠幅 13 m。
保护措施： 未挂牌保护。
管护单位： 无管护单位，个人所有。

20. 旱柳 *Salix matsudana*

杨柳科 Salicaceae　　柳属 *Salix*

类别： 三级古树。
数量： 1 株。
树龄： 157 年。
分布地点： 位于固原市原州区河川乡吕坪村古树林场，海拔 1580.3 m。
生长情况： 长势较差。树高 18 m，胸径 130 cm，冠幅 9 m。
保护措施： 挂牌保护，原挂牌号 201508006，有专人管护。
管护单位： 河川乡人民政府，个人所有。

21. 旱柳 *Salix matsudana*

杨柳科 Salicaceae　　柳属 *Salix*

类别： 三级古树。
数量： 1株。
树龄： 157年。
分布地点： 位于固原市原州区河川乡吕坪村古树林场，海拔1579.1 m。
生长情况： 长势旺盛。树高23 m，胸径320 cm，冠幅18 m。
保护措施： 挂牌保护，原挂牌号201508005，有专人管护。
管护单位： 河川乡人民政府，个人所有。

22. 杏 *Armeniaca vulgaris*

蔷薇科 Rosaceae　　杏属 *Armeniaca*

类别： 三级古树。
数量： 1株。
树龄： 105年。
分布地点： 位于固原市原州区寨科乡中川村，海拔1776.9 m。
生长情况： 长势一般。树高8 m，胸径86 cm，冠幅16 m。
保护措施： 挂牌保护，原挂牌号201508028，有专人管护。
管护单位： 个人管护，个人所有。

23. 旱柳 *Salix matsudana*

杨柳科 Salicaceae　　柳属 *Salix*

类别： 三级古树。
数量： 1 株。
树龄： 100 年。
分布地点： 位于固原市原州区河川乡上黄村，海拔 1567.2 m。
生长情况： 长势旺盛。树高 19 m，胸径 75 cm，冠幅 19 m。
保护措施： 未挂牌保护。
管护单位： 无管护单位，个人所有。

24. 旱柳 *Salix matsudana*

杨柳科 Salicaceae　　柳属 *Salix*

类别： 三级古树。
数量： 1 株。
树龄： 113 年。
分布地点： 位于固原市原州区河川乡上黄村，海拔 1584.7 m。
生长情况： 长势旺盛。树高 20 m，胸径 79 cm，冠幅 16 m。
保护措施： 未挂牌保护。
管护单位： 无管护单位，个人所有。

25. 旱榆（灰榆）*Ulmus glaucescens*

榆科 Ulmaceae　　榆属 *Ulmus*

类别： 三级古树。
数量： 1 株。
树龄： 100 年。
分布地点： 位于固原市原州区寨科乡中川村，海拔 1854.4 m。
生长情况： 长势较差。树高 15 m，胸径 92 cm，冠幅 12 m。
保护措施： 挂牌保护，原挂牌号 201508057，有专人管护。
管护单位： 寨科乡人民政府，个人所有。

26. 槐（国槐）*Sophora japonica*

豆科 Leguminosae　　槐属 *Sophora*

类别： 三级古树。
数量： 1 株。
树龄： 130 年。
分布地点： 位于固原市原州区河川乡上台村，海拔 1615.3 m。
生长情况： 长势旺盛。树高 17.5 m，胸径 105 cm，冠幅 21 m。
保护措施： 未挂牌保护。
管护单位： 无管护单位，个人所有。

27. 侧柏 *Platycladus orientalis*

柏科 Cupressaceae　　侧柏属 *Platycladus*

类别： 三级古树。
数量： 1 株。
树龄： 150 年。
分布地点： 位于固原市原州区河川乡明川村，海拔 1547.7 m。
生长情况： 长势旺盛。树高 12 m，胸径 45 cm，冠幅 7 m。
保护措施： 未挂牌保护。
管护单位： 无管护单位，国家所有。

28. 旱柳 *Salix matsudana*

杨柳科 Salicaceae　　柳属 *Salix*

类别： 三级古树。
数量： 1 株。
树龄： 225 年。
分布地点： 位于固原市原州区河川乡明川村，海拔 1512.9 m。
生长情况： 长势一般。树高 29 m，胸径 123 cm，冠幅 10 m。
保护措施： 未挂牌保护。
管护单位： 无管护单位，个人所有。

29. 旱柳 *Salix matsudana*

杨柳科 Salicaceae　　柳属 *Salix*

类别： 三级古树。
数量： 1 株。
树龄： 100 年。
分布地点： 位于固原市原州区黄铎堡镇农科村，海拔 1597 m。
生长情况： 长势旺盛。树高 14.5 m，胸径 103 cm，冠幅 16 m。
保护措施： 未挂牌保护，有专人管护。
管护单位： 黄铎堡镇人民政府，集体所有。

30. 旱柳 *Salix matsudana*

杨柳科 Salicaceae　　柳属 *Salix*

类别： 三级古树。
数量： 2 株。
树龄： 110 年。
分布地点： 位于固原市原州区九龙半岛公园内，海拔 1686.6 m。
生长情况： 长势旺盛。平均树高 13.5 m，平均胸径 125 cm，平均冠幅 11.2 m。
保护措施： 挂牌保护，原挂牌号 GY071，有专人管护。
管护单位： 固原市园林管理所，国家所有。

31. 槐（国槐）*Sophora japonica*

豆科 Leguminosae　　槐属 *Sophora*

类别： 三级古树。
数量： 2 株。
树龄： 110 年。
分布地点： 位于固原市原州区九龙半岛公园内，海拔 1708.4 m。
生长情况： 长势旺盛。平均树高 15.5 m，平均胸径 91 cm，平均冠幅 12 m。
保护措施： 挂牌保护，原挂牌号 GY132，有专人管护。
管护单位： 固原市园林管理所，国家所有。

32. 旱榆（灰榆）*Ulmus glaucescens*

榆科 Ulmaceae　　榆属 *Ulmus*

类别： 三级古树。
数量： 1 株。
树龄： 100 年。
分布地点： 位于固原市原州区头营镇头营村，海拔 1541 m。
生长情况： 长势一般。树高 16 m，胸径 56 cm，冠幅 11 m。
保护措施： 挂牌保护，无专人管护。
管护单位： 无管护单位，个人所有。

33. 旱柳 *Salix matsudana*

杨柳科 Salicaceae　　柳属 *Salix*

类别： 三级古树。
数量： 1株。
树龄： 100年。
分布地点： 位于固原市原州区黄铎堡镇黄铎堡村，海拔1531.6 m。
生长情况： 长势旺盛。树高15 m，胸径120 cm，冠幅19 m。
保护措施： 挂牌保护，原挂牌号201508033，有专人管护。
管护单位： 黄铎堡镇人民政府，个人所有。

34. 旱柳 *Salix matsudana*

杨柳科 Salicaceae　　柳属 *Salix*

类别： 三级古树。
数量： 1株。
树龄： 100年。
分布地点： 位于固原市原州区彭堡镇马东山林场，海拔1771.3 m。
生长情况： 长势旺盛。树高9.8 m，胸径96 cm，冠幅17 m。
保护措施： 未挂牌保护。
管护单位： 原州区林业和草原局，国家所有。

35. 旱榆（灰榆）*Ulmus glaucescens*

榆科 Ulmaceae　　榆属 *Ulmus*

类别： 三级古树。
数量： 3 株，面积 100 m²。
平均树龄： 100 年。
分布地点： 位于固原市原州区叠叠沟林场山脊，海拔 1968 m。
生长情况： 长势一般。平均树高 4.5 m，平均胸径 50 cm，平均冠幅 6 m。
保护措施： 未挂牌保护。
管护单位： 原州区林业和草原局，国家所有。

36. 旱榆（灰榆）*Ulmus glaucescens*

榆科 Ulmaceae　　榆属 *Ulmus*

类别： 三级古树。
数量： 13 株，面积 680 m²。
平均树龄： 110 年。
分布地点： 位于固原市原州区河川乡黄河村，海拔 1559.48 m。
生长情况： 长势较差。平均树高 14 m，平均胸径 52 cm，平均冠幅 15 m。
保护措施： 未挂牌保护。
管护单位： 无管护单位，个人所有。

37. 宁夏枸杞 *Lycium barbarum*

茄科 Solanaceae 　　枸杞属 *Lycium*

类别： 三级古树。
数量： 30 株，面积 100 m²。
平均树龄： 120 年。
分布地点： 位于固原市原州区黄铎堡镇羊圈堡村，海拔 1590.3 m。
生长情况： 长势较差。平均树高 2.7 m，平均冠幅 2 m。
保护措施： 未挂牌保护。
管护单位： 无管护单位，个人所有。

38. 旱柳 *Salix matsudana*

杨柳科 Salicaceae 　　柳属 *Salix*

类别： 三级古树。
数量： 5 株，面积 2000 m²。
平均树龄： 130 年。
分布地点： 位于固原市原州区清河镇什里村，海拔 1650 m。
生长情况： 大部分枯死，长势一般。平均树高 16 m，平均胸径 150 cm，平均冠幅 20 m。
保护措施： 未挂牌保护。
管护单位： 无管护单位，国家所有。

39. 旱榆（灰榆）*Ulmus glaucescens*

榆科 Ulmaceae　　榆属 *Ulmus*

类别： 三级古树。
数量： 3株，面积120 m²。
平均树龄： 100年。
分布地点： 位于固原市原州区东红社区，海拔1666.7 m。
生长情况： 长势旺盛。平均树高18 m，平均胸径62 cm，平均冠幅17 m。
保护措施： 未挂牌保护。
管护单位： 无管护单位，个人所有。

40. 小叶杨 *Populus simonii*

杨柳科 Salicaceae　　杨属 *Populus*

旱柳 *Salix matsudana*

杨柳科 Salicaceae　　柳属 *Salix*

类别： 三级古树。
数量： 21株，面积459 m²，其中小叶杨12株，旱柳9株。
平均树龄： 123年。
分布地点： 位于固原市原州区九龙半岛公园内，海拔1682.6 m。
生长情况： 小叶杨长势旺盛，平均树高14 m，平均胸径56 cm，平均冠幅13 m。旱柳长势一般，平均树高13.5 m，平均胸径42 cm，平均冠幅110 m。
传说或来历： 清光绪二十五年（1899年），时任固原知州萧承恩带领城防官兵栽植。
保护措施： 未挂牌保护。
管护单位： 无管护单位，国家所有。

41. 旱柳 *Salix matsudana*

杨柳科 Salicaceae   柳属 *Salix*

小叶杨 *Populus simonii*

杨柳科 Salicaceae   杨属 *Populus*

类别： 三级古树。
数量： 11 株，面积 1900 m²，其中旱柳 10 株，小叶杨 1 株。
平均树龄： 123 年。
分布地点： 位于固原市原州区九龙半岛公园内，海拔 1684.3 m。
生长情况： 旱柳长势一般，平均树高 19.5 m，平均胸径 66 cm，平均冠幅 13 m。小叶杨长势旺盛，平均树高 20 m，平均胸径 73 cm，平均冠幅 20 m。
传说或来历： 清光绪二十五年（1899 年），时任固原知州萧承恩带领城防官兵栽植。
保护措施： 部分挂牌保护，原挂牌号 GY011 至 GY014，无专人管护。
管护单位： 固原市园林管理所，国家所有。

42. 旱柳 *Salix matsudana*

杨柳科 Salicaceae   柳属 *Salix*

类别： 三级古树。
数量： 31 株，面积 4300 m²。
平均树龄： 123 年。
分布地点： 位于固原市原州区九龙半岛公园内，海拔 1684.9 m。
生长情况： 长势一般。平均树高 16 m，平均胸径 66 cm，平均冠幅 11 m。
传说或来历： 清光绪二十五年（1899 年），时任固原知州萧承恩带领城防官兵栽植。
保护措施： 部分挂牌保护，原挂牌号 GY015 至 GY020，无专人管护。
管护单位： 固原市园林管理所，国家所有。

43. 旱柳 *Salix matsudana*

杨柳科 Salicaceae　　柳属 *Salix*

类别： 三级古树。
数量： 24 株，面积 2070 m²。
平均树龄： 123 年。
分布地点： 位于固原市原州区九龙半岛公园内，海拔 1683.2 m。
生长情况： 长势一般。平均树高 16.5 m，平均胸径 80 cm，平均冠幅 11 m。
传说或来历： 清光绪二十五年（1899 年），时任固原知州萧承恩带领城防官兵栽植。
保护措施： 部分挂牌保护，原挂牌号 GY021 至 GY029，无专人管护。
管护单位： 固原市园林管理所，国家所有。

44. 旱柳 *Salix matsudana*

杨柳科 Salicaceae　　柳属 *Salix*

类别： 三级古树。
数量： 59 株，面积 648 m²。
平均树龄： 123 年。
分布地点： 位于固原市原州区清水河国家湿地公园内，海拔 1682 m。
生长情况： 长势一般。平均树高 20 m，平均胸径 92 cm，平均冠幅 16 m。
传说或来历： 清光绪二十五年（1899 年），时任固原知州萧承恩带领城防官兵栽植。
保护措施： 部分挂牌保护，原挂牌号 GY038 至 GY058，无专人管护。
管护单位： 固原市园林管理所，国家所有。

45. 旱柳 *Salix matsudana*

杨柳科 Salicaceae　　柳属 *Salix*

类别： 三级古树。
数量： 7 株，面积 228 m²。
平均树龄： 123 年。
分布地点： 位于固原市原州区九龙半岛公园内，海拔 1678.9 m。
生长情况： 长势一般。平均树高 13.5 m，平均胸径 95 cm，平均冠幅 13 m。
传说或来历： 清光绪二十五年（1899 年），时任固原知州萧承恩带领城防官兵栽植。
保护措施： 部分挂牌保护，原挂牌号 GY061 至 GY065，无专人管护。
管护单位： 固原市园林管理所，国家所有。

46. 槐（国槐）*Sophora japonica*

豆科 Leguminosae　　槐属 *Sophora*

旱柳 *Salix matsudana*

杨柳科 Salicaceae　　柳属 *Salix*

类别： 三级古树。
数量： 6 株，面积 156 m²，其中槐 4 株，旱柳 2 株。
平均树龄： 123 年。
分布地点： 位于固原市原州区九龙半岛公园内，海拔 1693.2 m。
生长情况： 槐长势旺盛，平均树高 15.5 m，平均胸径 50 cm，平均冠幅 13 m。旱柳长势一般，平均树高 10 m，平均胸径 40 cm，平均冠幅 10 m。
传说或来历： 清光绪二十五年（1899 年），时任固原知州萧承恩带领城防官兵栽植。
保护措施： 未挂牌保护，无专人管护。
管护单位： 固原市园林管理所，国家所有。

47. 旱柳 *Salix matsudana*

杨柳科 Salicaceae　　柳属 *Salix*

类别： 三级古树。
数量： 122 株，面积 32250 m²，其中旱柳 109 株，小叶杨 13 株。
平均树龄： 123 年。
分布地点： 位于固原市原州区九龙半岛公园内，海拔 1686.2 m。
生长情况： 旱柳长势一般，平均树高 11 m，平均胸径 106 cm，平均冠幅 12 m。小叶杨长势旺盛，平均树高 28.5 m，平均胸径 80 cm，平均冠幅 16 m。
传说或来历： 清光绪二十五年（1899 年），时任固原知州萧承恩带领城防官兵栽植。
保护措施： 部分挂牌保护，原挂牌号 GY073 至 GY100，无专人管护。
管护单位： 固原市园林管理所，国家所有。

小叶杨 *Populus simonii*

杨柳科 Salicaceae　　杨属 *Populus*

48. 旱柳 *Salix matsudana*

杨柳科 Salicaceae　　柳属 *Salix*

类别： 三级古树。
数量： 9 株，面积 512 m²。
平均树龄： 123 年。
分布地点： 位于固原市原州区九龙半岛公园内，海拔 1692.3 m。
生长情况： 长势一般。平均树高 17.5 m，平均胸径 69 cm，平均冠幅 11 m。
传说或来历： 清光绪二十五年（1899 年），时任固原知州萧承恩带领城防官兵栽植。
保护措施： 部分挂牌保护，原挂牌号 GY124、GY125，无专人管护。
管护单位： 固原市园林管理所，国家所有。

49. 旱柳 *Salix matsudana*

杨柳科 Salicaceae　　柳属 *Salix*

类别： 三级古树。
数量： 23 株，面积 4250 m²。
平均树龄： 123 年。
分布地点： 位于固原市原州区九龙半岛公园内，海拔 1695.1 m。
生长情况： 长势一般。平均树高 12.5 m，平均胸径 70 cm，平均冠幅 8 m。
传说或来历： 清光绪二十五年（1899 年），时任固原知州萧承恩带领城防官兵栽植。
保护措施： 部分挂牌保护，原挂牌号 GY116、GY117，无专人管护。
管护单位： 固原市园林管理所，国家所有。

50. 旱柳 *Salix matsudana*

杨柳科 Salicaceae　　柳属 *Salix*

类别： 三级古树。
数量： 4 株，面积 315 m²。
平均树龄： 123 年。
分布地点： 位于固原市原州区九龙半岛公园内，海拔 1700.2 m。
生长情况： 长势一般。平均树高 19.5 m，平均胸径 16 cm，平均冠幅 13 m。
传说或来历： 清光绪二十五年（1899 年），时任固原知州萧承恩带领城防官兵栽植。
保护措施： 挂牌保护，原挂牌号 GY140 至 GY143，无专人管护。
管护单位： 固原市园林管理所，国家所有。

51. 旱柳 *Salix matsudana*

杨柳科 Salicaceae　　柳属 *Salix*

类别： 三级古树。
数量： 5 株，面积 320 m²。
平均树龄： 123 年。
分布地点： 位于固原市原州区九龙半岛公园内，海拔 1700.5 m。
生长情况： 长势一般。平均树高 18.3 m，平均胸径 54 cm，平均冠幅 14 m。
传说或来历： 清光绪二十五年（1899 年），固原知州萧承恩栽植。
保护措施： 部分挂牌保护，原挂牌号 0006 至 0009，无专人管护。
管护单位： 固原市园林管理所，国家所有。

西吉县（33 处 34 株古树，6 处古树群）

1. 榆树（白榆）*Ulmus pumila*

榆科 Ulmaceae　　榆属 *Ulmus*

类别： 三级古树。
数量： 1 株。
树龄： 155 年。
分布地点： 位于固原市西吉县沙沟乡陶堡村西沟，海拔 1776 m。
生长情况： 长势旺盛。树高 8 m，胸径 76 cm，冠幅 8 m。
保护措施： 挂牌保护，原挂牌号 64042200017，无专人管护。
管护单位： 陶堡村村委会，集体所有。

2. 旱柳 *Salix matsudana*

杨柳科 Salicaceae　　柳属 *Salix*

类别： 三级古树。
数量： 1 株。
树龄： 150 年。
分布地点： 位于固原市西吉县沙沟乡大寨村，海拔 1917 m。
生长情况： 长势一般。树高 10 m，胸径 95 cm，冠幅 8 m。
保护措施： 挂牌保护，原挂牌号 64042200002，无专人管护。
管护单位： 大寨村村委会，集体所有。

3. 旱柳 *Salix matsudana*

杨柳科 Salicaceae　　柳属 *Salix*

类别： 三级古树。
数量： 1 株。
树龄： 100 年。
分布地点： 位于固原市西吉县兴平乡高崖村聂家河，海拔 1772 m。
生长情况： 长势旺盛。树高 15 m，胸径 102 cm，冠幅 15 m。
保护措施： 未挂牌保护。
管护单位： 个人管护，个人所有。

4. 旱榆（灰榆）*Ulmus glaucescens*

榆科 Ulmaceae　　榆属 *Ulmus*

类别： 一级古树。
数量： 1 株。
树龄： 500 年。
分布地点： 位于固原市西吉县沙沟乡顾家沟村，海拔 1794 m。
生长情况： 长势较差。树高 10 m，胸径 89 cm，冠幅 12 m。
保护措施： 未挂牌保护。
管护单位： 顾家沟村村委会，集体所有。

5. 旱榆（灰榆）*Ulmus glaucescens*

榆科 Ulmaceae　　榆属 *Ulmus*

类别： 一级古树。
数量： 1 株。
树龄： 500 年。
分布地点： 位于固原市西吉县沙沟乡顾家沟村，海拔 1785 m。
生长情况： 长势一般。树高 10 m，胸径 111 cm，冠幅 15 m。
保护措施： 未挂牌保护。
管护单位： 顾家沟村村委会，集体所有。

6. 榆树（白榆）*Ulmus pumila*

榆科 Ulmaceae 榆属 *Ulmus*

类别： 二级古树。
数量： 1株。
树龄： 352年。
分布地点： 位于固原市西吉县硝河乡马场村马场，海拔1803 m。
生长情况： 长势一般。树高12 m，胸径108 cm，冠幅15 m。
保护措施： 挂牌保护，原挂牌号64042200016，无专人管护。
管护单位： 马场村村委会，集体所有。

7. 小叶杨 *Populus simonii*

杨柳科 Salicaceae 杨属 *Populus*

类别： 三级古树。
数量： 1株。
树龄： 210年。
分布地点： 位于固原市西吉县硝河乡马场村马场，海拔1807.2 m。
生长情况： 长势一般。树高15 m，胸径149 cm，冠幅10 m。
保护措施： 挂牌保护，原挂牌号64042200009，无专人管护。
管护单位： 马场村村委会，集体所有。

8. 胡桃（核桃） Juglans regia

胡桃科 Juglandaceae　　　胡桃属 Juglans

类别： 三级古树。
数量： 1株。
树龄： 160年。
分布地点： 位于固原市西吉县兴隆镇公易村，海拔1833 m。
生长情况： 长势旺盛。树高15 m，胸径106 cm，冠幅10 m。
传说或来历： 虎长荣家经历了七辈人的古树，相传红军长征经过公易村时，周恩来同志曾在此树拴马。
保护措施： 挂牌保护，原挂牌号64042200015，无专人管护。
管护单位： 个人管护，个人所有。

9. 旱柳 Salix matsudana

杨柳科 Salicaceae　　　柳属 Salix

类别： 三级古树。
数量： 1株。
树龄： 100年。
分布地点： 位于固原市西吉县兴隆镇代段村，海拔1899 m。
生长情况： 长势旺盛。树高15 m，胸径117 cm，冠幅10 m。
保护措施： 未挂牌保护。
管护单位： 代段村村委会，集体所有。

10. 山杏（西伯利亚杏）Armeniaca sibirica

蔷薇科 Rosaceae　　杏属 *Armeniaca*

类别： 三级古树。
数量： 1 株。
树龄： 100 年。
分布地点： 位于固原市西吉县偏城乡下堡村，海拔 1857 m。
生长情况： 长势一般。树高 5 m，胸径 60 cm，冠幅 5 m。
保护措施： 未挂牌保护。
管护单位： 下堡村村委会，集体所有。

11. 旱柳 *Salix matsudana*

杨柳科 Salicaceae　　柳属 *Salix*

类别： 三级古树。
数量： 1 株。
树龄： 100 年。
分布地点： 位于固原市西吉县偏城乡下堡村，海拔 1783 m。
生长情况： 长势差，濒死。树高 10 m，胸径 111 cm，冠幅 5 m。
保护措施： 挂牌保护，原挂牌号 64042200001，无专人管护。
管护单位： 下堡村村委会，集体所有。

12. 旱柳 *Salix matsudana*

杨柳科 Salicaceae　　柳属 *Salix*

类别： 三级古树。
数量： 1株。
树龄： 100年。
分布地点： 位于固原市西吉县偏城乡滥泥滩村，海拔1940 m。
生长情况： 长势旺盛。树高15 m，胸径102 cm，冠幅15 m。
保护措施： 未挂牌保护。
管护单位： 滥泥滩村村委会，集体所有。

13. 旱柳 *Salix matsudana*

杨柳科 Salicaceae　　柳属 *Salix*

类别： 三级古树。
数量： 1株。
树龄： 100年。
分布地点： 位于固原市西吉县震湖乡王坪村，海拔1922 m。
生长情况： 长势旺盛。树高20 m，胸径105 cm，冠幅15 m。
保护措施： 未挂牌保护。
管护单位： 王坪村村委会，集体所有。

14. 旱柳 *Salix matsudana*

杨柳科 Salicaceae　　柳属 *Salix*

类别： 三级古树。
数量： 1 株。
树龄： 200 年。
分布地点： 位于固原市西吉县震湖乡王坪村，海拔 1945 m。
生长情况： 长势较差。树高 10 m，胸径 114 cm，冠幅 8 m。
保护措施： 挂牌保护，原挂牌号 64042200007，无专人管护。
管护单位： 王坪村村委会，集体所有。

15. 旱柳 *Salix matsudana*

杨柳科 Salicaceae　　柳属 *Salix*

类别： 三级古树。
数量： 1 株。
树龄： 105 年。
分布地点： 位于固原市西吉县震湖乡王坪村，海拔 1953 m。
生长情况： 长势一般。树高 10 m，胸径 105 cm，冠幅 15 m。
保护措施： 挂牌保护，原挂牌号 64042200006，无专人管护。
管护单位： 王坪村村委会，集体所有。

16. 旱柳 *Salix matsudana*

杨柳科 Salicaceae　　柳属 *Salix*

类别： 三级古树。
数量： 1 株。
树龄： 150 年。
分布地点： 位于固原市西吉县将台堡镇深岔村，海拔 1940 m。
生长情况： 长势一般。树高 10 m，胸径 149 cm，冠幅 10 m。
保护措施： 未挂牌保护。
管护单位： 深岔村村委会，集体所有。

17. 旱柳 *Salix matsudana*

杨柳科 Salicaceae　　柳属 *Salix*

类别： 三级古树。
数量： 1 株。
树龄： 165 年。
分布地点： 位于固原市西吉县沙沟乡大寨村，海拔 1832 m。
生长情况： 长势差，濒死。树高 5 m，胸径 156 cm，冠幅 6 m。
保护措施： 挂牌保护，原挂牌号 64042200003，无专人管护。
管护单位： 大寨村村委会，集体所有。

18. 山杏（西伯利亚杏）*Armeniaca sibirica*

蔷薇科 Rosaceae　　杏属 *Armeniaca*

类别： 三级古树。
数量： 1 株。
树龄： 150 年。
分布地点： 位于固原市西吉县沙沟乡大寨村，海拔 1836 m。
生长情况： 长势一般。树高 6 m，胸径 33 cm，冠幅 10 m。
保护措施： 挂牌保护，原挂牌号 64042200018，无专人管护。
管护单位： 大寨村村委会，集体所有。

19. 旱柳 *Salix matsudana*

杨柳科 Salicaceae　　柳属 *Salix*

类别： 三级古树。
数量： 1 株。
树龄： 165 年。
分布地点： 位于固原市西吉县沙沟乡大寨村，海拔 1827 m。
生长情况： 长势较差。树高 8 m，胸径 102 cm，冠幅 6 m。
保护措施： 挂牌保护，原挂牌号 64042200004，有专人管护。
管护单位： 大寨村村委会，集体所有。

20. 小叶杨 *Populus simonii*

杨柳科 Salicaceae　　杨属 *Populus*

类别： 三级古树。

数量： 1株。

树龄： 162年。

分布地点： 位于固原市西吉县吉强镇团结村永清湖公园，海拔1870 m。

生长情况： 长势旺盛。树高20 m，胸径88 cm，冠幅20 m。

保护措施： 挂牌保护，原挂牌号64042200010，无专人管护。

管护单位： 永清湖公园，国家所有。

21. 旱柳 *Salix matsudana*

杨柳科 Salicaceae　　柳属 *Salix*

类别： 三级古树。

数量： 1株。

树龄： 100年。

分布地点： 位于固原市西吉县吉强镇团结村，海拔1896 m。

生长情况： 长势旺盛。树高20 m，胸径102 cm，冠幅20 m。

保护措施： 未挂牌保护。

管护单位： 团结村村委会，国家所有。

22. 木梨（酸梨）Pyrus xerophila

蔷薇科 Rosaceae　　梨属 Pyrus

类别： 三级古树。
数量： 1株。
树龄： 200年。
分布地点： 位于固原市西吉县沙沟乡叶家河村刘家沟，海拔1821 m。
生长情况： 长势旺盛。树高10 m，胸径84 cm，冠幅14.6 m。
保护措施： 未挂牌保护。
管护单位： 个人管护，个人所有。

23. 小叶杨 Populus simonii

杨柳科 Salicaceae　　杨属 Populus

类别： 三级古树。
数量： 1株。
树龄： 210年。
分布地点： 位于固原市西吉县火石寨国家地质公园，海拔2114 m。
生长情况： 长势一般。树高15 m，胸径118 cm，冠幅12 m。
保护措施： 未挂牌保护。
管护单位： 火石寨国家地质公园，集体所有。

24. 旱柳 *Salix matsudana*

杨柳科 Salicaceae　　柳属 *Salix*

类别： 三级古树。
数量： 1株。
树龄： 100年。
分布地点： 位于固原市西吉县白崖乡白崖村，海拔1903.6 m。
生长情况： 长势一般。树高15 m，胸径105 cm，冠幅12 m。
保护措施： 未挂牌保护。
管护单位： 白崖村村委会，集体所有。

25. 槐（国槐）*Sophora japonica*

豆科 Leguminosae　　槐属 *Sophora*

类别： 三级古树。
数量： 1株。
树龄： 177年。
分布地点： 位于固原市西吉县将台堡镇火集村，海拔1740.6 m。
生长情况： 长势旺盛。树高13 m，胸径76 cm，冠幅14 m。
保护措施： 未挂牌保护。
管护单位： 火集村村委会，集体所有。

26. 旱柳 *Salix matsudana*

杨柳科 Salicaceae　　柳属 *Salix*

类别： 三级古树。
数量： 1 株。
树龄： 120 年。
分布地点： 位于固原市西吉县什字乡唐庄村，海拔 1932.2 m。
生长情况： 长势旺盛。树高 15 m，胸径 115 cm，冠幅 15 m。
保护措施： 未挂牌保护。
管护单位： 唐庄村村委会，集体所有。

27. 圆柏（桧柏）*Sabina chinensis*

柏科 Cupressaceae　　圆柏属 *Sabina*

类别： 二级古树。
数量： 2 株。
树龄： 350 年。
分布地点： 位于固原市西吉县什字乡什字村，海拔 1898.4 m。
生长情况： 长势旺盛。平均树高 15 m，平均胸径 83 cm，平均冠幅 15 m。
保护措施： 挂牌保护，原挂牌号 64042200014，有专人管护。
管护单位： 什字村村委会，集体所有。

28. 旱柳 *Salix matsudana*

杨柳科 Salicaceae　　柳属 *Salix*

类别： 三级古树。
数量： 1 株。
树龄： 150 年。
分布地点： 位于固原市西吉县平峰镇葛岔村，海拔 1977.8 m。
生长情况： 长势旺盛。树高 20 m，胸径 95.5 cm，冠幅 20 m。
保护措施： 未挂牌保护。
管护单位： 葛岔村村委会，集体所有。

29. 旱柳 *Salix matsudana*

杨柳科 Salicaceae　　柳属 *Salix*

类别： 三级古树。
数量： 1 株。
树龄： 200 年。
分布地点： 位于固原市西吉县马建乡张湾村，海拔 1926.6 m。
生长情况： 长势旺盛。树高 20 m，胸径 92.3 cm，冠幅 20 m。
保护措施： 未挂牌保护。
管护单位： 张湾村村委会，集体所有。

30. 旱柳 *Salix matsudana*

杨柳科 Salicaceae　　柳属 *Salix*

类别：三级古树。
数量：1 株。
树龄：200 年。
分布地点：位于固原市西吉县平峰镇高赵村，海拔 1795.2 m。
生长情况：长势一般。树高 25 m，胸径 134 cm，冠幅 22 m。
保护措施：未挂牌保护。
管护单位：个人管护，集体所有。

31. 旱柳 *Salix matsudana*

杨柳科 Salicaceae　　柳属 *Salix*

类别：三级古树。
数量：1 株。
树龄：200 年。
分布地点：位于固原市西吉县兴坪乡兴坪中学，海拔 1774.4 m。
生长情况：长势旺盛。树高 25 m，胸径 150 cm，冠幅 28 m。
保护措施：未挂牌，围栏保护。
管护单位：兴坪中学，集体所有。

32. 榆树（白榆）*Ulmus pumila*

榆科 Ulmaceae　　榆属 *Ulmus*

类别： 三级古树。

数量： 1 株。

树龄： 130 年。

分布地点： 位于固原市西吉县吉强镇团结村，海拔 1862 m。

生长情况： 长势一般，树干较弯曲，树干中部弯曲角度近 90 度。树高 10 m，胸径 37 cm，冠幅 6 m。

保护措施： 未挂牌保护。

管护单位： 团结村村委会，集体所有。

33. 榆树（白榆）*Ulmus pumila*

榆科 Ulmaceae　　榆属 *Ulmus*

类别： 三级古树。

数量： 1 株。

树龄： 130 年。

分布地点： 位于固原市西吉县吉强镇团结村，海拔 1862 m。

生长情况： 长势旺盛。树高 12 m，胸径 49 cm，冠幅 10 m。

保护措施： 未挂牌保护。

管护单位： 团结村村委会，集体所有。

34. 旱柳 *Salix matsudana*

杨柳科 Salicaceae　　柳属 *Salix*

类别： 三级古树。
数量： 14 株，面积 10000 m²。
平均树龄： 147 年。
分布地点： 位于固原市西吉县西滩乡西滩村，海拔 1921 m。
生长情况： 长势一般。平均树高 20 m，平均胸径 123 cm，平均冠幅 10 m。
传说或来历： 相传为"左公柳"。
保护措施： 挂牌保护，原挂牌号 64042200005-01~14，无专人管护。
管护单位： 西滩村村委会，集体所有。

35. 旱柳 *Salix matsudana*

杨柳科 Salicaceae　　柳属 *Salix*

类别： 三级古树。
数量： 3 株，面积 667 m²。
平均树龄： 200 年。
分布地点： 位于固原市西吉县马建乡张湾村，海拔 1939.12 m。
生长情况： 长势旺盛。平均树高 15 m，平均胸径 124 cm，平均冠幅 15 m。
保护措施： 未挂牌保护。
管护单位： 张湾村村委会，集体所有。

36. 华山松 *Pinus armandii*

松科 Pinaceae   松属 *Pinus*

侧柏 *Platycladus orientalis*

柏科 Cupressaceae   侧柏属 *Platycladus*

类别： 三级古树。

数量： 14 株，面积 667 m²，其中华山松 13 株，侧柏 1 株。

平均树龄： 170 年。

分布地点： 位于固原市西吉县兴隆镇陈田玉村，海拔 1735 m。

生长情况： 华山松长势一般，平均树高 10 m，平均胸径 32 cm，平均冠幅 10 m。侧柏长势一般，平均树高 10 m，平均胸径 35 cm，平均冠幅 6 m。

保护措施： 部分挂牌保护，原挂牌号 64042200011-1~2、64042200012，无专人管护。

管护单位： 陈田玉村村委会，集体所有。

37. 旱柳 *Salix matsudana*

杨柳科 Salicaceae   柳属 *Salix*

类别： 三级古树。

数量： 4 株，面积 130 m²。

平均树龄： 100 年。

分布地点： 位于固原市西吉县西滩乡黑虎沟村，海拔 2003 m。

生长情况： 长势旺盛。平均树高 15 m，平均胸径 100 cm，平均冠幅 10 m。

保护措施： 未挂牌保护。

管护单位： 黑虎沟村村委会，集体所有。

38. 旱柳 *Salix matsudana*

杨柳科 Salicaceae　　柳属 *Salix*

类别： 三级古树。
数量： 6株，面积1340 m²。
平均树龄： 100年。
分布地点： 位于固原市西吉县沙沟乡叶家河村刘家沟，海拔1821 m。
生长情况： 长势旺盛。平均树高18 m，平均胸径100 cm，平均冠幅14 m。
保护措施： 未挂牌保护。
管护单位： 叶家河村村委会，集体所有。

39. 旱柳 *Salix matsudana*

杨柳科 Salicaceae　　柳属 *Salix*

类别： 三级古树。
数量： 7株，面积6670 m²。
平均树龄： 200年。
分布地点： 位于固原市西吉县沙沟乡顾家沟村，海拔1774 m。
生长情况： 长势旺盛。平均树高15 m，平均胸径133 cm，平均冠幅10 m。
保护措施： 未挂牌保护。
管护单位： 顾家沟村村委会，集体所有。

隆德县（13处13株古树，4处古树群）

1. 杜梨 *Pyrus betulifolia*

蔷薇科 Rosaceae　　梨属 *Pyrus*

类别：三级古树。
数量：1株。
树龄：180年。
分布地点：位于固原市隆德县温堡乡杨堡村，海拔1945.1 m。
生长情况：长势旺盛，树体高大，基部分2杈。树高11 m，胸径73 cm，冠幅8 m。
保护措施：未挂牌保护，有专人管护。
管护单位：隆德县林业和草原局，集体所有。

2. 胡桃（核桃）*Juglans regia*

胡桃科 Juglandaceae　　胡桃属 *Juglans*

类别：三级古树。
数量：1株。
树龄：170年。
分布地点：位于固原市隆德县凤岭乡齐兴村，海拔1965.5 m。
生长情况：长势旺盛，树体高大，树冠圆满。树高19.5 m，胸径110 cm，冠幅13 m。
保护措施：未挂牌保护，有专人管护。
管护单位：隆德县林业和草原局，集体所有。

3. 胡桃（核桃）*Juglans regia*

胡桃科 Juglandaceae　　胡桃属 *Juglans*

类别：三级古树。
数量：1 株。
树龄：200 年。
分布地点：位于固原市隆德县奠安乡梁堡村，海拔 1964.5 m。
生长情况：长势较差，树皮脱落，顶部部分主枝枯死。树高 15 m，胸径 100 cm，冠幅 13 m。
保护措施：未挂牌保护，有专人管护。
管护单位：隆德县林业和草原局，集体所有。

4. 杏 *Armeniaca vulgaris*

蔷薇科 Rosaceae　　杏属 *Armeniaca*

类别：三级古树。
数量：1 株。
树龄：100 年。
分布地点：位于固原市隆德县奠安乡旧街村，海拔 2050.6 m。
生长情况：长势旺盛，树体高大，主干螺旋状生长。树高 11 m，胸径 79 cm，冠幅 7.7 m。
保护措施：未挂牌保护，有专人管护。
管护单位：隆德县林业和草原局，集体所有。

5. 旱柳 *Salix matsudana*

杨柳科 Salicaceae　　柳属 *Salix*

类别： 三级古树。
数量： 1 株。
树龄： 120 年。
分布地点： 位于固原市隆德县奠安乡，海拔 2044.6 m。
生长情况： 长势旺盛，树冠大。树高 15 m，胸径 140 cm，冠幅 17 m。
保护措施： 未挂牌保护，有专人管护。
管护单位： 隆德县林业和草原局，集体所有。

6. 圆柏（桧柏）*Sabina chinensis*

柏科 Cupressaceae　　圆柏属 *Sabina*

类别： 三级古树。
数量： 1 株。
树龄： 200 年。
分布地点： 位于固原市隆德县山河乡大堡坡村青龙山庙前，海拔 2376.5 m。
生长情况： 长势旺盛，树冠较大。树高 10 m，胸径 75 cm，冠幅 12 m。
保护措施： 未挂牌保护，有专人管护。
管护单位： 隆德县林业和草原局，集体所有。

7. 华山松 *Pinus armandii*

松科 Pinaceae　　松属 *Pinus*

类别： 三级古树。
数量： 1株。
树龄： 140年。
分布地点： 位于固原市隆德县奠安乡杨川村，海拔2051.3 m。
生长情况： 长势旺盛，树体高大，基部分杈，树形优美。树高19 m，胸径86 cm，冠幅13 m。
保护措施： 未挂牌保护。
管护单位： 隆德县林业和草原局，集体所有。

8. 华山松 *Pinus armandii*

松科 Pinaceae　　松属 *Pinus*

类别： 三级古树。
数量： 1株。
树龄： 140年。
分布地点： 位于固原市隆德县奠安乡杨川村，海拔2050.4 m。
生长情况： 长势旺盛，树体高大，树冠圆满，基部分杈，树形优美。树高19 m，胸径80 cm，冠幅12 m。
保护措施： 未挂牌保护。
管护单位： 隆德县林业和草原局，集体所有。

9. 圆柏（桧柏）*Sabina chinensis*

柏科 Cupressaceae　　圆柏属 *Sabina*

类别：三级古树。
数量：1 株。
树龄：100 年。
分布地点：位于固原市隆德县山河乡王庄村盘龙山林场新化管护区，海拔 2173.5 m。
生长情况：长势旺盛。树高 10 m，胸径 40 cm，冠幅 7 m。
保护措施：未挂牌保护。
管护单位：隆德县林业和草原局，国家所有。

10. 垂柳 *Salix babylonica*

杨柳科 Salicaceae　　柳属 *Salix*

类别：三级古树。
数量：1 株。
树龄：100 年。
分布地点：位于固原市隆德县温堡乡杜堡村，海拔 1953.5 m。
生长情况：长势旺盛，树体高大，树冠圆满。树高 20 m，胸径 110 cm，冠幅 18 m。
保护措施：未挂牌保护，有专人管护。
管护单位：隆德县林业和草原局，集体所有。

11. 木梨（酸梨）*Pyrus xerophila*

蔷薇科 Rosaceae　　梨属 *Pyrus*

类别： 三级古树。
数量： 1 株。
树龄： 100 年。
分布地点： 位于固原市隆德县杨河乡范家湾村，海拔 1969.1 m。
生长情况： 长势旺盛，树体高大，树形优美。树高 15 m，胸径 100 cm，冠幅 15 m。
保护措施： 未挂牌保护，有专人管护。
管护单位： 隆德县林业和草原局，集体所有。

12. 华山松 *Pinus armandii*

松科 Pinaceae　　松属 *Pinus*

类别： 三级古树。
数量： 1 株。
树龄： 160 年。
分布地点： 位于固原市隆德县好水乡红星村，海拔 2076.8 m。
生长情况： 长势旺盛，树体高大，树冠圆满，树形优美。树高 11 m，胸径 52 cm，冠幅 8 m。
保护措施： 未挂牌保护，有专人管护。
管护单位： 隆德县林业和草原局，集体所有。

13. 圆柏（桧柏）*Sabina chinensis*

柏科 Cupressaceae　　圆柏属 *Sabina*

类别： 三级古树。
数量： 1 株。
树龄： 126 年。
分布地点： 位于固原市隆德县好水乡红星村好水乡中心小学，海拔 2059.3 m。
生长情况： 长势旺盛，树体高大，树冠圆满。树高 18 m，胸径 50 cm，冠幅 10 m。
保护措施： 未挂牌，围栏保护，有专人管护。
管护单位： 好水乡中心小学，国家所有。

14. 旱柳 *Salix matsudana*

杨柳科 Salicaceae　　柳属 *Salix*

类别： 三级古树。
数量： 32 株，面积 5002 m²。
平均树龄： 147 年。
分布地点： 位于固原市隆德县城关镇隆泉村古柳公园，海拔 2085 m。
生长情况： 长势旺盛，树体高大，主干中空。平均树高 15 m，平均胸径 100 cm，平均冠幅 15 m。
传说或来历： 清朝名将左宗棠于 1875 年组织军民修建甘宁青新大道，命军民凡有道路处种植"道柳"，有些历经 140 多年存活到现在，被当地人称为"左公柳"，现存于隆德县的"左公柳"已十分稀少。2011 年，隆德县政府在城中"左公柳"集中的区域建成占地面积 20 多公顷的古柳公园，就地保护现存的 32 株"左公柳"。
保护措施： 挂牌保护，有专人管护。
管护单位： 隆德县林业和草原局，国家所有。

15. 旱柳 *Salix matsudana*

杨柳科 Salicaceae　　柳属 *Salix*

类别： 三级古树。
数量： 3 株，面积 750 m²。
平均树龄： 200 年。
分布地点： 位于固原市隆德县张程乡张程村，海拔 1945.2 m。
生长情况： 长势旺盛，树体高大，树冠圆满，树形优美。平均树高 15 m，平均胸径 140 cm，平均冠幅 16 m。
保护措施： 未挂牌保护，有专人管护。
管护单位： 隆德县林业和草原局，集体所有。

16. 青杨 *Populus cathayana*

杨柳科 Salicaceae　　杨属 *Populus*

类别： 三级古树。
数量： 5 株，面积 750 m²。
平均树龄： 150 年。
分布地点： 位于固原市隆德县山河乡大墁坡村，海拔 2377.4 m。
生长情况： 长势旺盛。平均树高 20 m，平均胸径 90 cm，平均冠幅 12 m。
保护措施： 未挂牌保护，有专人管护。
管护单位： 隆德县林业和草原局，集体所有。

17. 胡桃（核桃）*Juglans regia*

胡桃科 Juglandaceae　　胡桃属 *Juglans*

类别：三级古树。
数量：3 株，面积 240 m²。
平均树龄：200 年。
分布地点：位于固原市隆德县温堡乡杨堡村，海拔 1940.2 m。
生长情况：长势旺盛，树体高大。平均树高 10 m，平均胸径 80 cm，平均冠幅 13 m。
保护措施：未挂牌保护，有专人管护。
管护单位：隆德县林业和草原局，集体所有。

泾源县（29 处 29 株古树，2 处古树群）

1. 圆柏（桧柏）*Sabina chinensis*

柏科 Cupressaceae　　圆柏属 *Sabina*

类别：二级古树。
数量：1 株。
树龄：350 年。
分布地点：位于固原市泾源县香水镇城关村，海拔 1884.3 m。
生长情况：长势一般。树高 18 m，胸径 55 cm，冠幅 10 m。
保护措施：挂牌保护，原挂牌号泾古树保 001，无专人管护。
管护单位：泾源县文物管理所，集体所有。

2. 侧柏 *Platycladus orientalis*

柏科 Cupressaceae　　侧柏属 *Platycladus*

类别：三级古树。
数量：1 株。
树龄：200 年。
分布地点：位于固原市泾源县六盘山镇辛和村太白庙，海拔 1887.3 m。
生长情况：长势旺盛，树干光滑，树枝开张。树高 13 m，胸径 42 cm，冠幅 9 m。
保护措施：未挂牌保护。
管护单位：太白庙，集体所有。

3. 木梨（酸梨）*Pyrus xerophila*

蔷薇科 Rosaceae　　梨属 *Pyrus*

类别：三级古树。
数量：1 株。
树龄：200 年。
分布地点：位于固原市泾源县六盘山镇辛和村太白庙，海拔 1887 m。
生长情况：长势旺盛，树体高大，树干 1 m 以上分杈。树高 18 m，胸径 60 cm，冠幅 10 m。
保护措施：未挂牌保护。
管护单位：太白庙，集体所有。

4. 华山松 *Pinus armandii*

松科 Pinaceae　　松属 *Pinus*

类别： 三级古树。
数量： 1 株。
树龄： 150 年。
分布地点： 位于固原市泾源县六盘山镇辛和村太白庙，海拔 1887.7 m。
生长情况： 长势一般，树体笔直挺拔，离地面 1/2 部分无侧枝。树高 20 m，胸径 33 cm，冠幅 6 m。
保护措施： 未挂牌保护。
管护单位： 太白庙，集体所有。

5. 木梨（酸梨）*Pyrus xerophila*

蔷薇科 Rosaceae　　梨属 *Pyrus*

类别： 二级古树。
数量： 1 株。
树龄： 300 年。
分布地点： 位于固原市泾源县六盘山镇辛和村太白庙，海拔 1871.9 m。
生长情况： 长势旺盛，树体高大，枝叶繁茂。树高 16 m，胸径 55 cm，冠幅 12 m。
保护措施： 未挂牌保护。
管护单位： 太白庙，集体所有。

6. 青杨 *Populus cathayana*

杨柳科 Salicaceae　　杨属 *Populus*

类别： 三级古树。
数量： 1株。
树龄： 210年。
分布地点： 位于固原市泾源县黄花乡太阳村，海拔1972 m。
生长情况： 长势较差，树体侧枝干部分已枯死。树高22 m，胸径130 cm，冠幅22 m。
保护措施： 挂牌并围栏保护，原挂牌号泾古树保010，有专人管护。
管护单位： 泾源县文物管理所，集体所有。

7. 旱柳 *Salix matsudana*

杨柳科 Salicaceae　　柳属 *Salix*

类别： 三级古树。
数量： 1株。
树龄： 120年。
分布地点： 位于固原市泾源县黄花乡上胭村，海拔1857.5 m。
生长情况： 长势旺盛，树体地上1 m处分杈。树高15 m，胸径85 cm，冠幅17 m。
保护措施： 挂牌并围栏保护，原挂牌号泾古树保009，有专人管护。
管护单位： 泾源县文物管理所，集体所有。

8. 旱柳 *Salix matsudana*

杨柳科 Salicaceae　　柳属 *Salix*

类别： 三级古树。
数量： 1 株。
树龄： 150 年。
分布地点： 位于固原市泾源县黄花乡华兴村，海拔 1883.8 m。
生长情况： 长势一般，树形独特，树干向东延伸，树冠向西延伸。树高 14 m，胸径 200 cm，冠幅 15 m。
保护措施： 挂牌保护，原挂牌号泾古树保 008，有专人管护。
管护单位： 华兴村村委会，集体所有。

9. 旱柳 *Salix matsudana*

杨柳科 Salicaceae　　柳属 *Salix*

类别： 三级古树。
数量： 1 株。
树龄： 200 年。
分布地点： 位于固原市泾源县大湾乡中庄村，海拔 1891.5 m。
生长情况： 长势一般，树干扭曲，树根有洞。树高 13 m，胸径 115 cm，冠幅 10 m。
保护措施： 未挂牌保护。
管护单位： 个人管护，集体所有。

10. 青杨 *Populus cathayana*

杨柳科 Salicaceae   杨属 *Populus*

类别：二级古树。
数量：1 株。
树龄：300 年。
分布地点：位于固原市泾源县泾河源镇石底村，海拔 1905.4 m。
生长情况：长势一般，树枝开张。树高 18 m，胸径 110 cm，冠幅 18 m。
保护措施：未挂牌保护。
管护单位：无管护单位，集体所有。

11. 旱柳 *Salix matsudana*

杨柳科 Salicaceae   柳属 *Salix*

类别：二级古树。
数量：1 株。
树龄：360 年。
分布地点：位于固原市泾源县泾河源镇东峡村，海拔 1838.2 m。
生长情况：长势较差，濒死，树体只剩树干和小侧枝。树高 15 m，胸径 160 cm，冠幅 10 m。
保护措施：挂牌并围栏保护，原挂牌号泾古树保005，有专人管护。
管护单位：泾源县文物管理所，集体所有。

12. 山杨 *Populus davidiana*

杨柳科 Salicaceae　　杨属 *Populus*

类别：二级古树。
数量：1株。
树龄：400年。
分布地点：位于固原市泾源县泾河源镇东峡村，海拔1852.8 m。
生长情况：长势差，濒死，树体只剩主干和小侧枝。树高18 m，胸径219 cm，冠幅14 m。
保护措施：挂牌并围栏保护，原挂牌号泾古树保004，有专人管护。
管护单位：泾源县文物管理所，集体所有。

13. 旱柳 *Salix matsudana*

杨柳科 Salicaceae　　柳属 *Salix*

类别：二级古树。
数量：1株。
树龄：360年。
分布地点：位于固原市泾源县泾河源镇上秦村，海拔1795.2 m。
生长情况：长势较差，主干中空。树高16 m，胸径180 cm，冠幅16 m。
保护措施：挂牌并围栏保护，原挂牌号泾古树保003，有专人管护。
管护单位：泾源县林业和草原局，集体所有。

14. 旱柳 *Salix matsudana*

杨柳科 Salicaceae　　柳属 *Salix*

类别： 三级古树。
数量： 1 株。
树龄： 150 年。
分布地点： 位于固原市泾源县香水镇上桥村，海拔 1871.2 m。
生长情况： 长势一般，树干 1.5 m 以上分权，生长良好。树高 12 m，胸径 64 cm，冠幅 10 m。
保护措施： 挂牌保护，原挂牌号泾古树保 002，无专人管护。
管护单位： 泾源县文物管理所，集体所有。

15. 青杨 *Populus cathayana*

杨柳科 Salicaceae　　杨属 *Populus*

类别： 三级古树。
数量： 1 株。
树龄： 200 年。
分布地点： 位于固原市泾源县新民乡赵明村，海拔 1782.9 m。
生长情况： 长势较差，濒死，树干 1 m 以上分 3 权，树枝向两边延伸。树高 12 m，胸径 120 cm，冠幅 12 m。
保护措施： 未挂牌保护。
管护单位： 无管护单位，集体所有。

16. 旱柳 *Salix matsudana*

杨柳科 Salicaceae　　　柳属 *Salix*

类别： 二级古树。
数量： 1 株。
树龄： 400 年。
分布地点： 位于固原市泾源县新民乡南庄村，海拔 1770.4 m。
生长情况： 长势一般，树干扭曲。树高 20 m，胸径 160 cm，冠幅 16 m。
保护措施： 未挂牌保护。
管护单位： 无管护单位，集体所有。

17. 圆柏（桧柏）*Sabina chinensis*

柏科 Cupressaceae　　　圆柏属 *Sabina*

类别： 三级古树。
数量： 1 株。
树龄： 250 年。
分布地点： 位于固原市泾源县新民乡南庄村，海拔 1787.9 m。
生长情况： 长势旺盛，树体如伞状，树干直立挺拔。树高 12 m，胸径 110 cm，冠幅 11.5 m。
保护措施： 挂牌保护，无专人管护。
管护单位： 南庄村村委会，集体所有。

18. 旱柳 *Salix matsudana*

杨柳科 Salicaceae　　柳属 *Salix*

类别： 三级古树。
数量： 1株。
树龄： 150年。
分布地点： 位于固原市泾源县新民乡南庄村，海拔1766.4 m。
生长情况： 长势一般，树干根部分杈。树高12 m，胸径130 cm，冠幅13 m。
保护措施： 未挂牌保护。
管护单位： 无管护单位，集体所有。

19. 圆柏（桧柏）*Sabina chinensis*

柏科 Cupressaceae　　圆柏属 *Sabina*

类别： 二级古树。
数量： 1株。
树龄： 300年。
分布地点： 位于固原市泾源县新民乡西贤村，海拔1797.2 m。
生长情况： 长势一般，树干直立挺拔。树高15 m，胸径65 cm，冠幅11 m。
保护措施： 未挂牌保护。
管护单位： 无管护单位，集体所有。

20. 圆柏（桧柏）*Sabina chinensis*

柏科 Cupressaceae　　圆柏属 *Sabina*

类别： 二级古树。
数量： 1株。
树龄： 300年。
分布地点： 位于固原市泾源县新民乡西贤村，海拔 1757.2 m。
生长情况： 长势一般，树干直立挺拔。树高 12 m，胸径 43 cm，冠幅 8 m。
保护措施： 未挂牌保护。
管护单位： 无管护单位，集体所有。

21. 木梨（酸梨）*Pyrus xerophila*

蔷薇科 Rosaceae　　梨属 *Pyrus*

类别： 三级古树。
数量： 1株。
树龄： 200年。
分布地点： 位于固原市泾源县新民乡先进村，海拔 1762.7 m。
生长情况： 长势一般，树干 1.2 m 以上分 3 杈。树高 15 m，胸径 83 cm，冠幅 12 m。
保护措施： 未挂牌保护。
管护单位： 个人管护，集体所有。

22. 旱柳 *Salix matsudana*

杨柳科 Salicaceae　　柳属 *Salix*

类别： 三级古树。
数量： 1 株。
树龄： 120 年。
分布地点： 位于固原市泾源县新民乡先进村，海拔 1737.1 m。
生长情况： 长势一般，树干扭曲。树高 10 m，胸径 95 cm，冠幅 8 m。
保护措施： 未挂牌保护。
管护单位： 个人管护，集体所有。

23. 木梨（酸梨）*Pyrus xerophila*

蔷薇科 Rosaceae　　梨属 *Pyrus*

类别： 二级古树。
数量： 1 株。
树龄： 300 年。
分布地点： 位于固原市泾源县新民乡先进村，海拔 1754 m。
生长情况： 长势一般，树干 1.5 m 以上分杈。树高 14 m，胸径 120 cm，冠幅 9 m。
保护措施： 未挂牌保护。
管护单位： 个人管护，集体所有。

24. 圆柏（桧柏）*Sabina chinensis*

柏科 Cupressaceae　　圆柏属 *Sabina*

类别：三级古树。
数量：1 株。
树龄：200 年。
分布地点：位于固原市泾源县新民乡先进村，海拔 1704.8 m。
生长情况：长势旺盛，树干直立挺拔。树高 12 m，胸径 54 cm，冠幅 7 m。
保护措施：未挂牌保护。
管护单位：泾源县文物管理所，集体所有。

25. 木梨（酸梨）*Pyrus xerophila*

蔷薇科 Rosaceae　　梨属 *Pyrus*

类别：二级古树。
数量：1 株。
树龄：300 年。
分布地点：位于固原市泾源县新民乡杨堡村，海拔 1713.6 m。
生长情况：长势一般，侧枝枯萎，主干完整。树高 15 m，胸径 110 cm，冠幅 12 m。
保护措施：未挂牌保护。
管护单位：杨堡村村委会，集体所有。

26. 旱柳 *Salix matsudana*

杨柳科 Salicaceae　　柳属 *Salix*

类别： 三级古树。
数量： 1株。
树龄： 200年。
分布地点： 位于固原市泾源县沙塘林场花果山，海拔1920.5 m。
生长情况： 长势一般。树高12.2 m，胸径150.5 cm，冠幅10.5 m。
保护措施： 未挂牌保护，有专人管护。
管护单位： 泾源县林业和草原局，国家所有。

27. 辽东栎 *Quercus wutaishanica*

壳斗科 Fagaceae　　栎属 *Quercus*

类别： 三级古树。
数量： 1株。
树龄： 120年。
分布地点： 位于固原市泾源县泾河源镇冶家村，海拔1910.5 m。
生长情况： 长势一般。树高16 m，胸径55 cm，冠幅8.5 m。
保护措施： 未挂牌保护，有专人管护。
管护单位： 泾源县林业和草原局，集体所有。

28. 木梨（酸梨）*Pyrus xerophila*

蔷薇科 Rosaceae　　梨属 *Pyrus*

类别： 三级古树。
数量： 1株。
树龄： 120年。
分布地点： 位于固原市泾源县泾河源镇冶家村，海拔1910.2 m。
生长情况： 长势一般。树高16.3 m，胸径60 cm，冠幅7.5 m。
保护措施： 未挂牌保护，有专人管护。
管护单位： 泾源县林业和草原局，集体所有。

29. 杏 *Armeniaca vulgaris*

蔷薇科 Rosaceae　　杏属 *Armeniaca*

类别： 三级古树。
数量： 1株。
树龄： 120年。
分布地点： 位于固原市泾源县泾河源镇冶家村，海拔1910.5 m。
生长情况： 长势一般。树高14.5 m，胸径65 cm，冠幅6.5 m。
保护措施： 未挂牌保护，有专人管护。
管护单位： 泾源县林业和草原局，集体所有。

30. 圆柏（桧柏）*Sabina chinensis*

柏科 Cupressaceae　　圆柏属 *Sabina*

类别：三级古树。
数量：3株，面积300 m²。
平均树龄：130年。
分布地点：位于固原市泾源县新民乡杨堡村清真寺，海拔1728 m。
生长情况：长势旺盛。平均树高11 m，平均胸径49 cm，平均冠幅9.5 m。
保护措施：挂牌并围栏保护，原挂牌号泾古树保007-1、2、3，有专人管护。
管护单位：杨堡村清真寺，集体所有。

31. 圆柏（桧柏）*Sabina chinensis*

柏科 Cupressaceae　　圆柏属 *Sabina*

类别：二级古树。
数量：5株，面积300 m²。
平均树龄：300年。
分布地点：位于固原市泾源县新民乡石嘴村清真寺，海拔1694.5 m。
生长情况：长势较好，树干直立挺拔。平均树高12 m，平均胸径48 cm，平均冠幅8.3 m。
保护措施：挂牌并围栏保护，原挂牌号泾古树保006-1、2、3、4、5，有专人管护。
管护单位：石嘴村清真寺，集体所有。

彭阳县（76 处 86 株古树，20 处古树群）

1. 柽柳 Tamarix chinensis

柽柳科 Tamaricaceae　　柽柳属 Tamarix

类别： 三级古树。
数量： 1 株。
树龄： 200 年。
分布地点： 位于固原市彭阳县罗洼乡张湾村，海拔 1514.1 m。
生长情况： 长势一般。树高 5 m，胸径 52 cm，冠幅 7 m。
保护措施： 未挂牌保护。
管护单位： 无管护单位，个人所有。

2. 榆树（白榆）Ulmus pumila

榆科 Ulmaceae　　榆属 Ulmus

类别： 三级古树。
数量： 2 株。
树龄： 100 年。
分布地点： 位于固原市彭阳县罗洼乡张湾村，海拔 1514.1 m。
生长情况： 长势一般。平均树高 10 m，平均胸径 50 cm，平均冠幅 15 m。
保护措施： 未挂牌保护。
管护单位： 无管护单位，个人所有。

3. 槐（国槐）*Sophora japonica*

豆科 Leguminosae　　槐属 *Sophora*

类别： 三级古树。
数量： 1株。
树龄： 100年。
分布地点： 位于固原市彭阳县小岔乡耳城村，海拔1391.3 m。
生长情况： 长势一般。树高8.6 m，胸径87 cm，冠幅12 m。
保护措施： 未挂牌保护。
管护单位： 无管护单位，其他所有。

4. 榆树（白榆）*Ulmus pumila*

榆科 Ulmaceae　　榆属 *Ulmus*

类别： 三级古树。
数量： 1株。
树龄： 100年。
分布地点： 位于固原市彭阳县小岔乡耳城村，海拔1391.29 m。
生长情况： 长势较差。树高8.9 m，胸径91 cm，冠幅11.5 m。
保护措施： 未挂牌保护。
管护单位： 无管护单位，个人所有。

5. 旱柳 *Salix matsudana*

杨柳科 Salicaceae　　柳属 *Salix*

类别： 三级古树。
数量： 2 株。
树龄： 150 年。
分布地点： 位于固原市彭阳县小岔乡李渠村，海拔 1634.8 m。
生长情况： 长势一般。平均树高 15 m，平均胸径 112 cm，平均冠幅 13 m。
保护措施： 未挂牌保护。
管护单位： 无管护单位，集体所有。

6. 胡桃（核桃）*Juglans regia*

胡桃科 Juglandaceae　　胡桃属 *Juglans*

类别： 三级古树。
数量： 1 株。
树龄： 120 年。
分布地点： 位于固原市彭阳县小岔乡李渠村，海拔 1634.8 m。
生长情况： 长势旺盛。树高 8 m，胸径 85 cm，冠幅 10 m。
保护措施： 未挂牌保护。
管护单位： 无管护单位，个人所有。

7. 青杨 *Populus cathayana*

杨柳科 Salicaceae   杨属 *Populus*

类别： 三级古树。
数量： 1 株。
树龄： 150 年。
分布地点： 位于固原市彭阳县孟塬乡玉塬村，海拔 1564.3 m。
生长情况： 长势较差。树高 14 m，胸径 76 cm，冠幅 8 m。
保护措施： 未挂牌保护。
管护单位： 无管护单位，集体所有。

8. 侧柏 *Platycladus orientalis*

柏科 Cupressaceae   侧柏属 *Platycladus*

类别： 三级古树。
数量： 2 株。
树龄： 150 年。
分布地点： 位于固原市彭阳县孟塬乡玉塬村，海拔 1564.3 m。
生长情况： 长势一般。平均树高 12 m，平均胸径 72 cm，平均冠幅 13 m。
保护措施： 未挂牌保护。
管护单位： 无管护单位，个人所有。

9. 青杨 *Populus cathayana*

杨柳科 Salicaceae　　杨属 *Populus*

类别： 三级古树。
数量： 1株。
树龄： 150年。
分布地点： 位于固原市彭阳县罗洼乡罗洼村，海拔1705.3 m。
生长情况： 长势一般。树高10 m，胸径120 cm，冠幅26 m。
保护措施： 未挂牌保护。
管护单位： 个人管护，个人所有。

10. 山杏（西伯利亚杏）*Armeniaca sibirica*

蔷薇科 Rosaceae　　杏属 *Armeniaca*

类别： 三级古树。
数量： 1株。
树龄： 150年。
分布地点： 位于固原市彭阳县古城镇刘沟门村，海拔1726.52 m。
生长情况： 长势一般，树干中空，有病虫害，大枝枯死后又发新枝。树高6 m，胸径50 cm，冠幅7 m。
保护措施： 未挂牌保护。
管护单位： 个人管护，个人所有。

11. 柽柳 Tamarix chinensis

柽柳科 Tamaricaceae　　柽柳属 Tamarix

类别： 三级古树。
数量： 1 株。
树龄： 120 年。
分布地点： 位于固原市彭阳县小岔乡榆树村，海拔 1579.1 m。
生长情况： 长势一般。树高 4.8 m，胸径 36 cm，冠幅 4.6 m。
保护措施： 未挂牌保护。
管护单位： 无管护单位，个人所有。

12. 榆树（白榆）Ulmus pumila

榆科 Ulmaceae　　榆属 Ulmus

类别： 三级古树。
数量： 1 株。
树龄： 120 年。
分布地点： 位于固原市彭阳县罗洼乡张湾村，海拔 1601.9 m。
生长情况： 长势一般。树高 6 m，胸径 62 cm，冠幅 12 m。
保护措施： 未挂牌保护。
管护单位： 无管护单位，个人所有。

13. 榆树（白榆）*Ulmus pumila*

榆科 Ulmaceae　　榆属 *Ulmus*

类别： 三级古树。
数量： 1 株。
树龄： 150 年。
分布地点： 位于固原市彭阳县小岔乡李渠村，海拔 1569.5 m。
生长情况： 长势较差。树高 13 m，胸径 93 cm，冠幅 11 m。
保护措施： 未挂牌保护。
管护单位： 无管护单位，集体所有。

14. 榆树（白榆）*Ulmus pumila*

榆科 Ulmaceae　　榆属 *Ulmus*

类别： 三级古树。
数量： 1 株。
树龄： 120 年。
分布地点： 位于固原市彭阳县小岔乡李渠村，海拔 1555 m。
生长情况： 长势较差。树高 10 m，胸径 112 cm，冠幅 23 m。
保护措施： 未挂牌保护。
管护单位： 无管护单位，集体所有。

15. 杜梨 *Pyrus betulifolia*

蔷薇科 Rosaceae　　梨属 *Pyrus*

类别： 三级古树。
数量： 1株。
树龄： 120年。
分布地点： 位于固原市彭阳县古城镇挂马沟村彩叶树基地内，海拔1819.9 m。
生长情况： 长势旺盛。树高12 m，胸径100 cm，冠幅15 m。
保护措施： 未挂牌保护。
管护单位： 无管护单位，个人所有。

16. 旱柳 *Salix matsudana*

杨柳科 Salicaceae　　柳属 *Salix*

类别： 三级古树。
数量： 1株。
树龄： 100年。
分布地点： 位于固原市彭阳县白阳镇茹河公园内，海拔1388.2 m。
生长情况： 长势一般，部分枝条枯死。树高12.1 m，胸径120 cm，冠幅10.5 m。
保护措施： 未挂牌保护。
管护单位： 彭阳县城市建设管理局，集体所有。

17. 榆树（白榆）*Ulmus pumila*

榆科 Ulmaceae　　榆属 *Ulmus*

类别： 三级古树。
数量： 1 株。
树龄： 200 年。
分布地点： 位于固原市彭阳县孟塬乡何岘村，海拔 1650.3 m。
生长情况： 长势较差，树皮脱落，主枝、侧枝濒死。树高 11 m，胸径 102 cm，冠幅 13 m。
保护措施： 未挂牌保护。
管护单位： 无管护单位，个人所有。

18. 侧柏 *Platycladus orientalis*

柏科 Cupressaceae　　侧柏属 *Platycladus*

类别： 三级古树。
数量： 1 株。
树龄： 100 年。
分布地点： 位于固原市彭阳县孟塬乡玉塬村，海拔 1564.9 m。
生长情况： 长势旺盛，无病虫害。树高 7.5 m，胸径 56 cm，冠幅 12 m。
保护措施： 挂牌保护，无专人管护。
管护单位： 无管护单位，个人所有。

19. 杜梨 *Pyrus betulifolia*

蔷薇科 Rosaceae　　梨属 *Pyrus*

类别： 二级古树。
数量： 1 株。
树龄： 300 年。
分布地点： 位于固原市彭阳县冯庄乡茨湾村，海拔 1642.3 m。
生长情况： 长势差，上部主枝枯死，小枝枯死较多。树高 14 m，胸径 100 cm，冠幅 13 m。
保护措施： 未挂牌保护。
管护单位： 茨湾村村委会，集体所有。

20. 青杨 *Populus cathayana*

杨柳科 Salicaceae　　杨属 *Populus*

类别： 三级古树。
数量： 1 株。
树龄： 200 年。
分布地点： 位于固原市彭阳县冯庄乡小园子村，海拔 1330.7 m。
生长情况： 长势一般，部分小枝枯死。树高 12.4 m，胸径 113 cm，冠幅 19.8 m。
保护措施： 未挂牌保护。
管护单位： 无管护单位，个人所有。

21. 青杨 *Populus cathayana*

杨柳科 Salicaceae　　杨属 *Populus*

类别： 三级古树。
数量： 2株。
树龄： 120年。
分布地点： 位于固原市彭阳县孟塬乡玉塬村，海拔1620.3 m。
生长情况： 长势一般，部分枝条枯死，部分树皮脱落，有虫害。平均树高16 m，平均胸径120 cm，平均冠幅20 m。
保护措施： 未挂牌保护。
管护单位： 无管护单位，个人所有。

22. 青杨 *Populus cathayana*

杨柳科 Salicaceae　　杨属 *Populus*

类别： 三级古树。
数量： 2株。
树龄： 200年。
分布地点： 位于固原市彭阳县王洼镇崖堡村，海拔1745.5 m。
生长情况： 长势较差，原为古树群，现已枯死2株，剩余2株部分枝条枯死，树势较弱。平均树高14 m，平均胸径120 cm，平均冠幅10 m。
保护措施： 未挂牌保护。
管护单位： 崖堡村村委会，集体所有。

23. 榆树（白榆）*Ulmus pumila*

榆科 Ulmaceae　　榆属 *Ulmus*

类别： 三级古树。
数量： 1 株。
树龄： 110 年。
分布地点： 位于固原市彭阳县王洼镇李岔村，海拔 1652.2 m。
生长情况： 长势差，部分枝条枯死。树高 14 m，胸径 81 cm，冠幅 16 m。
保护措施： 未挂牌保护。
管护单位： 无管护单位，个人所有。

24. 青杨 *Populus cathayana*

杨柳科 Salicaceae　　杨属 *Populus*

类别： 三级古树。
数量： 1 株。
树龄： 200 年。
分布地点： 位于固原市彭阳县草庙乡包山村，海拔 1651.5 m。
生长情况： 长势较差，树干中空，天牛危害严重。树高 13.5 m，胸径 140 cm，冠幅 7 m。
保护措施： 未挂牌保护。
管护单位： 包山村村委会，集体所有。

25. 柽柳 *Tamarix chinensis*

柽柳科 Tamaricaceae　　柽柳属 *Tamarix*

类别：三级古树。
数量：2株。
树龄：200年。
分布地点：位于固原市彭阳县交岔乡庙庄村，海拔1772.2 m。
生长情况：长势旺盛，无病虫害。平均树高6.9 m，平均胸径60 cm，平均冠幅8.2 m。
保护措施：未挂牌保护。
管护单位：庙庄村村委会，集体所有。

26. 旱柳 *Salix matsudana*

杨柳科 Salicaceae　　柳属 *Salix*

类别：三级古树。
数量：1株。
树龄：120年。
分布地点：位于固原市彭阳县白阳镇南山村，海拔1525.8 m。
生长情况：长势一般，上部枝条干枯，部分枝干中空。树高12.3 m，胸径135 cm，冠幅16.8 m。
保护措施：未挂牌保护。
管护单位：无管护单位，个人所有。

27. 旱柳 *Salix matsudana*

杨柳科 Salicaceae　　柳属 *Salix*

类别： 三级古树。
数量： 1 株。
树龄： 200 年。
分布地点： 位于固原市彭阳县新集乡沟口村，海拔 1539.8 m。
生长情况： 长势较差，树干中空，半边枯死，半边生长正常。树高 13 m，胸径 110 cm，冠幅 15 m。
保护措施： 未挂牌保护。
管护单位： 无管护单位，集体所有。

28. 胡桃（核桃）*Juglans regia*

胡桃科 Juglandaceae　　胡桃属 *Juglans*

类别： 三级古树。
数量： 1 株。
树龄： 120 年。
分布地点： 位于固原市彭阳县新集乡大火村，海拔 1663.7 m。
生长情况： 长势差，内膛小枝枯死，底部大枝枯死。树高 7 m，胸径 50 cm，冠幅 8.6 m。
保护措施： 未挂牌保护。
管护单位： 无管护单位，个人所有。

29. 旱柳 *Salix matsudana*

杨柳科 Salicaceae　　柳属 *Salix*

类别： 三级古树。
数量： 1 株。
树龄： 120 年。
分布地点： 位于固原市彭阳县新集乡新集村，海拔 1725.3 m。
生长情况： 长势旺盛，主枝枯死后又发新枝，主干中空。树高 9 m，胸径 30 cm，冠幅 10 m。
保护措施： 未挂牌保护。
管护单位： 个人管护，个人所有。

30. 旱柳 *Salix matsudana*

杨柳科 Salicaceae　　柳属 *Salix*

类别： 三级古树。
数量： 1 株。
树龄： 100 年。
分布地点： 位于固原市彭阳县新集乡岢堡村，海拔 1726.8 m。
生长情况： 长势一般，树冠大，内膛小枝枯死。树高 13 m，胸径 130 cm，冠幅 16 m。
保护措施： 未挂牌保护。
管护单位： 无管护单位，个人所有。

31. 山杏（西伯利亚杏）*Armeniaca sibirica*

蔷薇科 Rosaceae　　杏属 *Armeniaca*

类别： 三级古树。
数量： 1 株。
树龄： 120 年。
分布地点： 位于固原市彭阳县新集乡茆堡村，海拔 1655.1 m。
生长情况： 长势旺盛，主干部分树皮脱落，有一根主枝断裂。树高 9 m，胸径 80 cm，冠幅 7 m。
保护措施： 未挂牌保护。
管护单位： 无管护单位，集体所有。

32. 旱柳 *Salix matsudana*

杨柳科 Salicaceae　　柳属 *Salix*

类别： 二级古树。
数量： 1 株。
树龄： 300 年。
分布地点： 位于固原市彭阳县新集乡茆堡村，海拔 1655.3 m。
生长情况： 长势正常，内膛部分小枝干枯，南侧主枝枝皮脱落。树高 12.5 m，胸径 110 cm，冠幅 13 m。
保护措施： 未挂牌保护。
管护单位： 无管护单位，个人所有。

33. 旱柳 *Salix matsudana*

杨柳科 Salicaceae　　柳属 *Salix*

类别： 二级古树。
数量： 1 株。
树龄： 300 年。
分布地点： 位于固原市彭阳县红河镇何塬村，海拔 1578.9 m。
生长情况： 长势一般，树干中空。树高 12.8 m，胸径 130 cm，冠幅 14 m。
保护措施： 未挂牌保护。
管护单位： 无管护单位，集体所有。

34. 槐（国槐）*Sophora japonica*

豆科 Leguminosae　　槐属 *Sophora*

类别： 三级古树。
数量： 1 株。
树龄： 150 年。
分布地点： 位于固原市彭阳县红河镇何塬村，海拔 1610.3 m。
生长情况： 长势旺盛。树高 12 m，胸径 120 cm，冠幅 16 m。
保护措施： 未挂牌保护。
管护单位： 无管护单位，个人所有。

35. 旱柳 *Salix matsudana*

杨柳科 Salicaceae　　柳属 *Salix*

类别： 二级古树。
数量： 1 株。
树龄： 300 年。
分布地点： 位于固原市彭阳县红河镇何塬村，海拔 1607.2 m。
生长情况： 长势差，濒死。树高 12 m，胸径 14 cm，冠幅 12 m。
保护措施： 未挂牌保护。
管护单位： 无管护单位，个人所有。

36. 榆树（白榆）*Ulmus pumila*

榆科 Ulmaceae　　榆属 *Ulmus*

类别： 三级古树。
数量： 1 株。
树龄： 120 年。
分布地点： 位于固原市彭阳县红河镇韩堡村，海拔 1410.8 m。
生长情况： 长势差，1/3 的枝条枯死。树高 10 m，胸径 76 cm，冠幅 12 m。
保护措施： 未挂牌保护。
管护单位： 无管护单位，个人所有。

37. 山杏（西伯利亚杏）*Armeniaca sibirica*

蔷薇科 Rosaceae　　杏属 *Armeniaca*

类别： 三级古树。
数量： 1 株。
树龄： 120 年。
分布地点： 位于固原市彭阳县古城镇刘沟门村，海拔 1637.2 m。
生长情况： 长势旺盛，无病虫害。树高 8.4 m，胸径 60 cm，冠幅 14 m。
保护措施： 未挂牌保护。
管护单位： 无管护单位，个人所有。

38. 旱柳 *Salix matsudana*

杨柳科 Salicaceae　　柳属 *Salix*

类别： 三级古树。
数量： 1 株。
树龄： 150 年。
分布地点： 位于固原市彭阳县古城镇川口村，海拔 1517.1 m。
生长情况： 长势一般，部分枝条枯死，部分树皮脱落。树高 14.5 m，胸径 115 cm，冠幅 14.7 m。
保护措施： 未挂牌保护。
管护单位： 无管护单位，个人所有。

39. 榆树（白榆）*Ulmus pumila*

榆科 Ulmaceae　　榆属 *Ulmus*

类别： 三级古树。
数量： 1 株。
树龄： 200 年。
分布地点： 位于固原市彭阳县古城镇川口村，海拔 1553.2 m。
生长情况： 长势一般，部分枝条枯死。树高 17.4 m，胸径 120 cm，冠幅 19.8 m。
保护措施： 未挂牌保护。
管护单位： 无管护单位，个人所有。

40. 旱柳 *Salix matsudana*

杨柳科 Salicaceae　　柳属 *Salix*

类别： 三级古树。
数量： 2 株。
树龄： 100 年。
分布地点： 位于固原市彭阳县古城镇川口村，海拔 1537.4 m。
生长情况： 长势较差，树干枯死，枝杈枯死严重，受过雷击后又重新生长。平均树高 12.1 m，平均胸径 60 cm，平均冠幅 14 m。
保护措施： 未挂牌保护。
管护单位： 无管护单位，个人所有。

41. 榆树（白榆）*Ulmus pumila*

榆科 Ulmaceae　　榆属 *Ulmus*

类别： 三级古树。
数量： 1 株。
树龄： 200 年。
分布地点： 位于固原市彭阳县古城镇田庄村，海拔 1495.7 m。
生长情况： 长势较差，濒死。树高 14 m，胸径 80 cm，冠幅 21 m。
保护措施： 未挂牌保护。
管护单位： 田庄村村委会，集体所有。

42. 山杏（西伯利亚杏）*Armeniaca sibirica*

蔷薇科 Rosaceae　　杏属 *Armeniaca*

类别： 三级古树。
数量： 1 株。
树龄： 200 年。
分布地点： 位于固原市彭阳县古城镇王大户村，海拔 1657.4 m。
生长情况： 长势旺盛，树干有一根主枝被积雪压折。树高 11.7 m，胸径 80 cm，冠幅 8 m。
保护措施： 未挂牌保护。
管护单位： 无管护单位，个人所有。

43. 旱柳 *Salix matsudana*

杨柳科 Salicaceae　　柳属 *Salix*

类别： 三级古树。
数量： 1 株。
树龄： 200 年。
分布地点： 位于固原市彭阳县古城镇罗山村，海拔 1806.9 m。
生长情况： 长势一般，部分枝条枯死，有病虫害。树高 14.1 m，胸径 105 cm，冠幅 14.8 m。
保护措施： 未挂牌保护。
管护单位： 无管护单位，个人所有。

44. 柽柳 *Tamarix chinensis*

柽柳科 Tamaricaceae　　柽柳属 *Tamarix*

类别： 三级古树。
数量： 1 株。
树龄： 100 年。
分布地点： 位于固原市彭阳县古城镇任河村鹦鸽嘴庙内，海拔 1745.7 m。
生长情况： 长势一般，侧枝有干枝，无病虫害。树高 5.2 m，胸径 45 cm，冠幅 5.8 m。
保护措施： 未挂牌保护。
管护单位： 鹦鸽嘴庙，集体所有。

45. 胡桃（核桃）*Juglans regia*

胡桃科 Juglandaceae　　胡桃属 *Juglans*

类别： 二级古树。
数量： 1株。
树龄： 300年。
分布地点： 位于固原市彭阳县古城镇古城村，海拔1615.4 m。
生长情况： 长势较差，下部树干干枯，上部树冠枯死。树高17.1 m，胸径165 cm，冠幅17 m。
保护措施： 未挂牌保护。
管护单位： 无管护单位，个人所有。

46. 木梨（酸梨）*Pyrus xerophila*

蔷薇科 Rosaceae　　梨属 *Pyrus*

类别： 三级古树。
数量： 1株。
树龄： 200年。
分布地点： 位于固原市彭阳县古城镇古城村，海拔1631.7 m。
生长情况： 长势旺盛，有枯死枝。树高17.3 m，胸径101 cm，冠幅14.1 m。
保护措施： 未挂牌保护。
管护单位： 无管护单位，个人所有。

47. 蒙桑 *Morus mongolica*

桑科 Moraceae　　桑属 *Morus*

类别： 三级古树。
数量： 1 株。
树龄： 150 年。
分布地点： 位于固原市彭阳县古城镇中川村，海拔 1761.8 m。
生长情况： 长势一般，树干中空，有病虫害。树高 5.1 m，胸径 20 cm，冠幅 6 m。
保护措施： 未挂牌保护。
管护单位： 无管护单位，个人所有。

48. 槐（国槐）*Sophora japonica*

豆科 Leguminosae　　槐属 *Sophora*

类别： 三级古树。
数量： 1 株。
树龄： 200 年。
分布地点： 位于固原市彭阳县古城镇中川村郭庄清真寺内，海拔 1758.5 m。
生长情况： 长势旺盛，受过雷击。树高 18 m，胸径 80 cm，冠幅 8 m。
传说或来历： 相传清同治元年（1862 年）已有此树。
保护措施： 未挂牌保护，有专人管护。
管护单位： 郭庄清真寺，集体所有。

49. 旱柳 *Salix matsudana*

杨柳科 Salicaceae　　柳属 *Salix*

类别： 三级古树。
数量： 1 株。
树龄： 120 年。
分布地点： 位于固原市彭阳县古城镇中川村，海拔 1756.3 m。
生长情况： 长势旺盛，主干中空。树高 16 m，胸径 200 cm，冠幅 13 m。
保护措施： 未挂牌保护。
管护单位： 无管护单位，个人所有。

50. 胡桃（核桃）*Juglans regia*

胡桃科 Juglandaceae　　胡桃属 *Juglans*

类别： 三级古树。
数量： 2 株。
树龄： 120 年。
分布地点： 位于固原市彭阳县古城镇中川村，海拔 1746.1 m。
生长情况： 长势旺盛，无病虫害。平均树高 13 m，平均胸径 83 cm，平均冠幅 18 m。
传说或来历： 相传为当地村民先辈用培育的核桃苗栽植。
保护措施： 未挂牌保护，有专人管护。
管护单位： 无管护单位，个人所有。

51. 山杏（西伯利亚杏）Armeniaca sibirica

蔷薇科 Rosaceae　　杏属 Armeniaca

类别：三级古树。
数量：1 株。
树龄：100 年。
分布地点：位于固原市彭阳县古城镇乃河村，海拔 1627.54 m。
生长情况：长势一般，树干粗壮，分枝多，内膛干枯。树高 13 m，胸径 86 cm，冠幅 14 m。
保护措施：未挂牌保护。
管护单位：无管护单位，个人所有。

52. 旱柳 Salix matsudana

杨柳科 Salicaceae　　柳属 Salix

类别：三级古树。
数量：1 株。
树龄：200 年。
分布地点：位于固原市彭阳县古城镇海口村，海拔 1754.9 m。
生长情况：长势一般，树干老化，枝条稀少，发枝力弱。树高 14 m，胸径 230 cm，冠幅 22 m。
保护措施：挂牌保护，原挂牌号 9，无专人管护。
管护单位：彭阳县林业和草原局，集体所有。

53. 旱柳 *Salix matsudana*

杨柳科 Salicaceae　　柳属 *Salix*

类别： 三级古树。
数量： 1 株。
树龄： 150 年。
分布地点： 位于固原市彭阳县红河镇何塬村，海拔 1591.4 m。
生长情况： 长势差，濒死，上部主枝干枯，小枝枯死严重。树高 12.5 m，胸径 123 cm，冠幅 12 m。
保护措施： 未挂牌保护。
管护单位： 无管护单位，个人所有。

54. 胡桃（核桃）*Juglans regia*

胡桃科 Juglandaceae　　胡桃属 *Juglans*

类别： 三级古树。
数量： 1 株。
树龄： 120 年。
分布地点： 位于固原市彭阳县新集乡大火村，海拔 1653.1 m。
生长情况： 长势旺盛，部分小枝枯死。树高 15 m，胸径 100 cm，冠幅 18 m。
保护措施： 未挂牌保护。
管护单位： 无管护单位，个人所有。

55. 侧柏 Platycladus orientalis

柏科 Cupressaceae　　侧柏属 Platycladus

类别： 三级古树。
数量： 1 株。
树龄： 110 年。
分布地点： 位于固原市彭阳县孟塬乡何岘村，海拔 1663.8 m。
生长情况： 长势旺盛。树高 10.6 m，胸径 70 m，冠幅 11 m。
保护措施： 未挂牌保护。
管护单位： 无管护单位，个人所有。

56. 青杨 Populus cathayana

杨柳科 Salicaceae　　杨属 Populus

类别： 三级古树。
数量： 1 株。
树龄： 120 年。
分布地点： 位于固原市彭阳县孟塬乡何岘村，海拔 1543.5 m。
生长情况： 长势较差，下部叶片生长正常，上部枝条已枯死。树高 18 m，胸径 95 cm，冠幅 9 m。
保护措施： 未挂牌保护。
管护单位： 个人管护，个人所有。

57. 旱柳 *Salix matsudana*

杨柳科 Salicaceae　　柳属 *Salix*

类别： 三级古树。
数量： 2株。
树龄： 150年。
分布地点： 位于固原市彭阳县孟塬乡何岘村，海拔1624.5 m。
生长情况： 长势一般，树干中空劈裂，部分大枝枯死，又发新枝。平均树高6.5 m，平均胸径260 cm，平均冠幅13 m。
保护措施： 未挂牌保护。
管护单位： 无管护单位，个人所有。

58. 槐（国槐）*Sophora japonica*

豆科 Leguminosae　　槐属 *Sophora*

类别： 三级古树。
数量： 1株。
树龄： 120年。
分布地点： 位于固原市彭阳县孟塬乡何岘村，海拔1565.2 m。
生长情况： 长势一般，部分小枝枯死，树枝开张，树冠大。树高10 m，胸径63 cm，冠幅21 m。
保护措施： 未挂牌保护。
管护单位： 无管护单位，个人所有。

59. 旱柳 *Salix matsudana*

杨柳科 Salicaceae　　柳属 *Salix*

类别： 三级古树。
数量： 1 株。
树龄： 110 年。
分布地点： 位于固原市彭阳县孟塬乡赵山庄村，海拔 1591.3 m。
生长情况： 长势较差，树干中空，部分大枝枯死，有虫害。树高 13 m，胸径 72 cm，冠幅 13 m。
保护措施： 未挂牌保护。
管护单位： 赵山庄村村委会，集体所有。

60. 旱柳 *Salix matsudana*

杨柳科 Salicaceae　　柳属 *Salix*

类别： 三级古树。
数量： 1 株。
树龄： 120 年。
分布地点： 位于固原市彭阳县孟塬乡白杨庄村，海拔 1640.1 m。
生长情况： 长势旺盛。树高 15 m，胸径 96 cm，冠幅 17 m。
保护措施： 未挂牌保护。
管护单位： 白杨庄村村委会，集体所有。

61. 旱柳 *Salix matsudana*

杨柳科 Salicaceae　　柳属 *Salix*

类别： 三级古树。
数量： 2 株。
树龄： 120 年。
分布地点： 位于固原市彭阳县孟塬乡草滩村，海拔 1634.3 m。
生长情况： 长势较差。平均树高 15 m，平均胸径 91 cm，平均冠幅 20 m。
保护措施： 未挂牌保护。
管护单位： 无管护单位，个人所有。

62. 蕤核（扁核木、马茹）*Prinsepia uniflora*

蔷薇科 Rosaceae　　扁核木属 *Prinsepia*

类别： 三级古树。
数量： 1 株。
树龄： 200 年。
分布地点： 位于固原市彭阳县孟塬乡白杨庄村，海拔 1564.6 m。
生长情况： 长势一般，部分根外露，部分枝条枯死。树高 2.5 m，胸径 8 cm，冠幅 4 m。
保护措施： 未挂牌保护。
管护单位： 无管护单位，个人所有。

63. 柽柳 *Tamarix chinensis*

柽柳科 Tamaricaceae　　柽柳属 *Tamarix*

类别： 三级古树。
数量： 1 株。
树龄： 180 年。
分布地点： 位于固原市彭阳县孟塬乡白杨庄村，海拔 1561.7 m。
生长情况： 长势较差。树高 6 m，胸径 41 cm，冠幅 10 m。
保护措施： 未挂牌保护。
管护单位： 无管护单位，个人所有。

64. 青杨 *Populus cathayana*

杨柳科 Salicaceae　　杨属 *Populus*

类别： 三级古树。
数量： 1 株。
树龄： 120 年。
分布地点： 位于固原市彭阳县孟塬乡白杨庄村，海拔 1548.3 m。
生长情况： 长势一般。树高 20 m，胸径 122 cm，冠幅 20 m。
保护措施： 未挂牌保护。
管护单位： 无管护单位，集体所有。

65. 蕤核（扁核木、马茹）*Prinsepia uniflora*

蔷薇科 Rosaceae　　扁核木属 *Prinsepia*

类别： 三级古树。
数量： 1 株。
树龄： 120 年。
分布地点： 位于固原市彭阳县孟塬乡白杨庄村，海拔 1557.5 m。
生长情况： 长势一般，树干干枯，部分小枝枯死。树高 4 m，胸径 12 cm，冠幅 8 m。
保护措施： 未挂牌保护。
管护单位： 无管护单位，集体所有。

66. 旱柳 *Salix matsudana*

杨柳科 Salicaceae　　柳属 *Salix*

类别： 三级古树。
数量： 1 株。
树龄： 110 年。
分布地点： 位于固原市彭阳县孟塬乡小石沟村，海拔 1534.2 m。
生长情况： 长势一般。树高 13 m，胸径 98 cm，冠幅 17 m。
保护措施： 未挂牌保护。
管护单位： 无管护单位，集体所有。

67. 旱柳 *Salix matsudana*

杨柳科 Salicaceae　　柳属 *Salix*

类别： 三级古树。
数量： 1株。
树龄： 120年。
分布地点： 位于固原市彭阳县冯庄乡虎崾岘村，海拔1558.4 m。
生长情况： 长势一般。树高7 m，胸径90 cm，冠幅7 m。
保护措施： 未挂牌保护。
管护单位： 虎崾岘村村委会，集体所有。

68. 槐（国槐）*Sophora japonica*

豆科 Leguminosae　　槐属 *Sophora*

类别： 三级古树。
数量： 1株。
树龄： 120年。
分布地点： 位于固原市彭阳县冯庄乡小园子村，海拔1315.2 m。
生长情况： 长势旺盛，树干纵裂，部分小枝干枯。树高17 m，胸径82 cm，冠幅25 m。
保护措施： 未挂牌保护。
管护单位： 无管护单位，个人所有。

69. 山杏（西伯利亚杏）*Armeniaca sibirica*

蔷薇科 Rosaceae　　杏属 *Armeniaca*

类别： 三级古树。
数量： 1 株。
树龄： 100 年。
分布地点： 位于固原市彭阳县冯庄乡上湾村，海拔 1307 m。
生长情况： 长势较差。树高 8 m，胸径 62 cm，冠幅 8 m。
保护措施： 未挂牌保护。
管护单位： 无管护单位，集体所有。

70. 旱柳 *Salix matsudana*

杨柳科 Salicaceae　　柳属 *Salix*

类别： 三级古树。
数量： 1 株。
树龄： 110 年。
分布地点： 位于固原市彭阳县冯庄乡冯庄村，海拔 1575.3 m。
生长情况： 长势一般。树高 6.1 m，胸径 124 cm，冠幅 7 m。
保护措施： 未挂牌保护。
管护单位： 无管护单位，个人所有。

71. 枣 *Ziziphus jujuba*

鼠李科 Rhamnaceae　　枣属 *Ziziphus*

类别： 三级古树。
数量： 1 株。
树龄： 100 年。
分布地点： 位于固原市彭阳县冯庄乡茨湾村，海拔 1488.4 m。
生长情况： 长势一般。树高 7.8 m，胸径 31 cm，冠幅 6 m。
保护措施： 未挂牌保护。
管护单位： 无管护单位，个人所有。

72. 青杨 *Populus cathayana*

杨柳科 Salicaceae　　杨属 *Populus*

类别： 三级古树。
数量： 1 株。
树龄： 100 年。
分布地点： 位于固原市彭阳县冯庄乡茨湾村，海拔 1625.5 m。
生长情况： 长势一般。树高 12 m，胸径 66 cm，冠幅 18 m。
保护措施： 未挂牌保护。
管护单位： 无管护单位，个人所有。

73. 旱柳 *Salix matsudana*

杨柳科 Salicaceae　　柳属 *Salix*

类别： 三级古树。
数量： 1 株。
树龄： 109 年。
分布地点： 位于固原市彭阳县冯庄乡茨湾村，海拔 1625.5 m。
生长情况： 长势一般。树高 11 m，胸径 105 cm，冠幅 18 m。
保护措施： 未挂牌保护。
管护单位： 无管护单位，个人所有。

74. 榆树（白榆）*Ulmus pumila*

榆科 Ulmaceae　　榆属 *Ulmus*

类别： 三级古树。
数量： 1 株。
树龄： 100 年。
分布地点： 位于固原市彭阳县红河镇常沟村，海拔 1314.7 m。
生长情况： 长势一般。平均树高 12.3 m，平均胸径 98.6 cm，平均冠幅 12.4 m。
保护措施： 未挂牌保护。
管护单位： 无管护单位，个人所有。

75. 胡桃（核桃）*Juglans regia*

胡桃科 Juglandaceae　　胡桃属 *Juglans*

类别：三级古树。
数量：1株。
树龄：120年。
分布地点：位于固原市彭阳县新集乡大火村，海拔1664 m。
生长情况：长势一般。树高7 m，胸径50 cm，冠幅9 m。
保护措施：未挂牌保护。
管护单位：无管护单位，集体所有。

76. 旱柳 *Salix matsudana*

杨柳科 Salicaceae　　柳属 *Salix*

类别：三级古树。
数量：1株。
树龄：120年。
分布地点：位于固原市彭阳县小岔乡耳城村，海拔1391.3 m。
生长情况：长势较差。树高13 m，胸径80 cm，冠幅20 m。
保护措施：未挂牌保护。
管护单位：无管护单位，集体所有。

77. 旱榆（灰榆）*Ulmus glaucescens*

榆科 Ulmaceae　　榆属 *Ulmus*

类别： 三级古树。
数量： 5株，面积 450 m²。
平均树龄： 108 年。
分布地点： 位于固原市彭阳县孟塬乡小园子林场，海拔 1468.8 m。
生长情况： 长势旺盛。平均树高 3 m，平均冠幅 8 m。
保护措施： 未挂牌保护。
管护单位： 小园子林场，集体所有。

78. 花叶海棠 *Malus transitoria*

蔷薇科 Rosaceae　　苹果属 *Malus*

类别： 三级古树。
数量： 6株，面积 301 m²。
平均树龄： 100 年。
分布地点： 位于固原市彭阳县冯庄乡冯庄村，海拔 1540.4 m。
生长情况： 长势旺盛。平均树高 10.2 m，平均胸径 47 cm，平均冠幅 10 m。
保护措施： 未挂牌保护。
管护单位： 冯庄乡人民政府，集体所有。

79. 旱柳 *Salix matsudana*

杨柳科 Salicaceae　　柳属 *Salix*

类别：三级古树。
数量：5 株，面积 2600 m^2。
平均树龄：147 年。
分布地点：位于固原市彭阳县冯庄乡羊草湾村，海拔 1646.3 m。
生长情况：长势较差，1 株枯死。平均树高 15 m，平均胸径 110 cm，平均冠幅 19 m。
传说或来历：相传为"左公柳"。
保护措施：未挂牌保护。
管护单位：羊草湾村村委会，集体所有。

80. 侧柏 *Platycladus orientalis*

柏科 Cupressaceae　　侧柏属 *Platycladus*

类别：三级古树。
数量：3 株，面积 660 m^2。
平均树龄：106 年。
分布地点：位于固原市彭阳县孟塬乡赵山庄村龙凤山寺院内，海拔 1654.3 m。
生长情况：长势一般，部分枝叶干枯。平均树高 8 m，平均胸径 39 cm，平均冠幅 7 m。
保护措施：未挂牌保护。
管护单位：龙凤山寺院，集体所有。

81. 旱柳 *Salix matsudana*

杨柳科 Salicaceae   柳属 *Salix*

类别： 三级古树。
数量： 5 株，面积 120 m²，其中旱柳 4 株、小叶杨 1 株。
平均树龄： 旱柳 140 年，小叶杨 120 年。
分布地点： 位于固原市彭阳县孟塬乡牛耳塬村牛耳塬队，海拔 1521.5 m。
生长情况： 旱柳长势一般。平均树高 18 m，平均胸径 100 cm，平均冠幅 23 m。小叶杨长势较差，上部枝条枯死较多。平均树高 17 m，平均胸径 93 cm，平均冠幅 18 m。
保护措施： 未挂牌保护。
管护单位： 牛耳塬队，集体所有。

小叶杨 *Populus simonii*

杨柳科 Salicaceae   杨属 *Populus*

82. 旱柳 *Salix matsudana*

杨柳科 Salicaceae   柳属 *Salix*

类别： 三级古树。
数量： 4 株，面积 1200 m²。
平均树龄： 120 年。
分布地点： 位于固原市彭阳县红河镇文沟村，海拔 1564.2 m。
生长情况： 长势旺盛，枝干粗壮。平均树高 11 m，平均胸径 70 cm，平均冠幅 8 m。
保护措施： 未挂牌保护。
管护单位： 无管护单位，集体所有。

83. 旱柳 *Salix matsudana*

杨柳科 Salicaceae　　柳属 *Salix*

类别： 三级古树。
数量： 4 株，面积 660 m²。
平均树龄： 110 年。
分布地点： 位于固原市彭阳县孟塬乡何岘村，海拔 1639.9 m。
生长情况： 长势一般，主干中空，外皮脱落，有病虫害，其中 2 株上部主枝枯死。平均树高 14 m，平均胸径 110 cm，平均冠幅 12 m。
保护措施： 未挂牌保护。
管护单位： 孟塬乡人民政府，集体所有。

84. 旱柳 *Salix matsudana*

杨柳科 Salicaceae　　柳属 *Salix*

类别： 三级古树。
数量： 3 株，面积 150 m²。
平均树龄： 120 年。
分布地点： 位于固原市彭阳县冯庄乡茨湾村，海拔 1509.4 m。
生长情况： 长势差，内膛小枝枯死，顶部枝条枯死。平均树高 17 m，平均胸径 74 cm，平均冠幅 14 m。
保护措施： 未挂牌保护。
管护单位： 茨湾村村委会，集体所有。

85. 侧柏 *Platycladus orientalis*

柏科 Cupressaceae   侧柏属 *Platycladus*

类别： 三级古树。
数量： 9 株，面积 6667 m²。
平均树龄： 150 年。
分布地点： 位于固原市彭阳县城阳乡韩寨村五峰山寺庙内，海拔 1397.1 m。
生长情况： 长势一般，树干外皮少量脱落。平均树高 6.7 m，平均胸径 41 cm，平均冠幅 7 m。
保护措施： 未挂牌保护。
管护单位： 五峰山寺庙，集体所有。

86. 侧柏 *Platycladus orientalis*

柏科 Cupressaceae   侧柏属 *Platycladus*

类别： 三级古树。
数量： 4 株，面积 60 m²。
平均树龄： 200 年。
分布地点： 位于固原市彭阳县城阳乡韩寨村龙凤山庙内，海拔 1494 m。
生长情况： 长势旺盛，无病虫害，树干外皮脱落。平均树高 5.5 m，平均胸径 24 cm，平均冠幅 5 m。
保护措施： 未挂牌保护。
管护单位： 龙凤山庙，集体所有。

87. 侧柏 *Platycladus orientalis*

柏科 Cupressaceae   侧柏属 *Platycladus*

类别： 三级古树。
数量： 4株，面积300 m²。
平均树龄： 120年。
分布地点： 位于固原市彭阳县孟塬乡玉塬村，海拔1482.7 m。
生长情况： 长势旺盛。平均树高12 m，平均胸径60 cm，平均冠幅7 m。
保护措施： 未挂牌保护。
管护单位： 其他所有。

88. 侧柏 *Platycladus orientalis*

柏科 Cupressaceae   侧柏属 *Platycladus*

类别： 三级古树。
数量： 6株，面积500 m²。
平均树龄： 200年。
分布地点： 位于固原市彭阳县孟塬乡玉塬村，海拔1582.6 m。
生长情况： 长势一般。平均树高9 m，平均胸径40 cm，平均冠幅6 m。
保护措施： 未挂牌保护，有专人管护。
管护单位： 其他所有。

89. 侧柏 Platycladus orientalis

柏科 Cupressaceae 侧柏属 Platycladus

类别： 三级古树。
数量： 11 株，面积 3301 m²。
平均树龄： 150 年。
分布地点： 位于固原市彭阳县孟塬乡玉塬村，海拔 1586 m。
生长情况： 长势一般。平均树高 9 m，平均胸径 100 cm，平均冠幅 7 m。
保护措施： 未挂牌保护，有专人管护。
管护单位： 无管护单位，集体所有。

90. 旱柳 Salix matsudana

杨柳科 Salicaceae 柳属 Salix

类别： 三级古树。
数量： 3 株，面积 1200 m²。
平均树龄： 100 年。
分布地点： 位于固原市彭阳县白阳镇南山村，海拔 1409.2 m。
生长情况： 长势一般，无病虫害，其中 1 株枝干断裂。平均树高 13 m，平均胸径 103 cm，平均冠幅 11 m。
保护措施： 未挂牌保护。
管护单位： 南山村村委会，集体所有。

91. 旱柳 Salix matsudana

杨柳科 Salicaceae　　柳属 Salix

类别： 三级古树。
数量： 5株，面积1200 m^2，其中旱柳4株、胡桃1株。
平均树龄： 旱柳100年，胡桃120年。
分布地点： 位于固原市彭阳县新集乡大火村村民家门口，海拔1664 m。
生长情况： 旱柳长势一般，平均树高8.6 m，平均胸径9 cm，平均冠幅10 m。胡桃长势一般，树高7 m，胸径50 cm，冠幅9 m。
保护措施： 未挂牌保护。
管护单位： 无管护单位，个人所有。

胡桃（核桃）Juglans regia

胡桃科 Juglandaceae　　胡桃属 Juglans

92. 旱柳 Salix matsudana

杨柳科 Salicaceae　　柳属 Salix

类别： 三级古树。
数量： 4株，面积600 m^2。
平均树龄： 150年。
分布地点： 位于固原市彭阳县新集乡峁堡村，海拔1729.5 m。
生长情况： 长势一般，个别株内膛小枝枯死。平均树高15 m，平均胸径130 cm，平均冠幅16 m。
保护措施： 未挂牌保护。
管护单位： 无管护单位，个人所有。

93. 侧柏 *Platycladus orientalis*

柏科 Cupressaceae　　侧柏属 *Platycladus*

类别： 三级古树。
数量： 5株，面积 600 m²。
平均树龄： 150年。
分布地点： 位于固原市彭阳县红河镇常沟村，海拔1314.7 m。
生长情况： 长势较差，树顶枝干枯死，树冠大。平均树高4.5 m，平均胸径28 cm，平均冠幅6 m。
保护措施： 未挂牌保护。
管护单位： 无管护单位，个人所有。

94. 胡桃（核桃）*Juglans regia*

胡桃科 Juglandaceae　　胡桃属 *Juglans*

类别： 二级古树。
数量： 4株，面积 300 m²。
平均树龄： 300年。
分布地点： 位于固原市彭阳县红河镇常沟村，海拔1316.4 m。
生长情况： 2株长势较差，1株濒死，1株死亡。平均树高12 m，平均胸径96 cm，平均冠幅12 m。
保护措施： 挂牌保护，原挂牌号057，无专人管护。
管护单位： 无管护单位，个人所有。

95. 旱柳 *Salix matsudana*

杨柳科 Salicaceae　　柳属 *Salix*

类别：二级古树。
数量：3 株，面积 600 m²。
平均树龄：300 年。
分布地点：位于固原市彭阳县红河乡友联村，海拔 1395 m。
生长情况：长势一般，树体高大，主干中空。平均树高 12.5 m，平均胸径 120 cm，平均冠幅 16 m。
保护措施：未挂牌保护。
管护单位：无管护单位，个人所有。

96. 旱榆（灰榆）*Ulmus glaucescens*

榆科 Ulmaceae　　榆属 *Ulmus*

类别：三级古树。
数量：6 株，面积 3001 m²。
平均树龄：200 年。
分布地点：位于固原市彭阳县古城镇古城村石窑沟，海拔 1647.6 m。
生长情况：长势一般，枝条茂密。平均树高 3.3 m，平均胸径 11 cm，平均冠幅 3 m。
保护措施：未挂牌保护。
管护单位：彭阳县林业和草原局，集体所有。

中卫市

36 株古树
2 株名木
21 处古树群

中卫市直（4处4株古树名木，其中3株古树、1株名木；1处古树群）

1. 杏 *Armeniaca vulgaris*

蔷薇科 Rosaceae　　杏属 *Armeniaca*

类别： 三级古树。
数量： 1株。
树龄： 100年。
分布地点： 位于中卫市沙坡头区宁夏中卫沙坡头国家级自然保护区内，海拔1243.9 m。
生长情况： 长势旺盛，树体高大，中下部多分杈，上部枝条密集，交叉生长。树高10 m，胸径75 cm，冠幅13 m。
保护措施： 挂牌保护，有专人管护。
管护单位： 宁夏中卫沙坡头国家级自然保护区管理局，国家所有。

2. 枣 *Ziziphus jujuba*

鼠李科 Rhamnaceae　　枣属 *Ziziphus*

类别： 名木。
数量： 1株。
树龄： 15年。
分布地点： 位于中卫市沙坡头区宁夏中卫宝塔农林牧生态科技有限公司种植园内，海拔1357.8 m。
生长情况： 长势旺盛，树冠圆满。树高6 m，胸径12 cm，冠幅3.8 m。
传说或来历： 2007年4月11日，时任国家主席胡锦涛同志在宁夏中卫视察工作时栽植的纪念树。
保护措施： 挂牌保护，有专人管护。
管护单位： 中卫市林业和草原局，国家所有。

3. 香水梨 *Pyrus bretschneideri*'Xiangshui'

蔷薇科 Rosaceae　　梨属 *Pyrus*

类别： 二级古树。
数量： 1株。
树龄： 300年。
分布地点： 位于中卫市沙坡头区宁夏中卫沙坡头国家级自然保护区内，海拔1242.5 m。
生长情况： 整体长势旺盛，中部分2杈，中上部有枯死主枝，已修剪。树高13 m，胸径80 cm，冠幅10 m。
保护措施： 挂牌保护，原挂牌号002，有专人管护。
管护单位： 宁夏中卫沙坡头国家级自然保护区管理局，国家所有。

4. 香水梨 *Pyrus bretschneideri*'Xiangshui'

蔷薇科 Rosaceae　　梨属 *Pyrus*

类别： 二级古树。
数量： 1株。
树龄： 300年。
分布地点： 位于中卫市沙坡头区宁夏中卫沙坡头国家级自然保护区内，海拔1241.7 m。
生长情况： 长势一般，树体高大，基部分杈，顶部枯枝已修剪。树高10 m，胸径80 cm，冠幅9 m。
保护措施： 挂牌保护，原挂牌号003，有专人管护。
管护单位： 宁夏中卫沙坡头国家级自然保护区管理局，国家所有。

5. 枣 *Ziziphus jujuba*

鼠李科 Rhamnaceae　　枣属 *Ziziphus*

类别： 三级古树。
数量： 30 株，面积 1100 m²。
平均树龄： 200 年。
分布地点： 位于中卫市沙坡头区宁夏中卫沙坡头国家级自然保护区内，海拔 1244.4 m。
生长情况： 长势旺盛，树体高大，树冠圆满。平均树高 17 m，平均胸径 45 cm，平均冠幅 10 m。
保护措施： 挂牌保护，有专人管护。
管护单位： 宁夏中卫沙坡头国家级自然保护区管理局，国家所有。

沙坡头区（2 处 2 株古树，7 处古树群）

1. 槐（国槐）*Sophora japonica*

豆科 Leguminosae　　槐属 *Sophora*

类别： 二级古树。
数量： 1 株。
树龄： 490 年。
分布地点： 位于中卫市沙坡头区常乐镇枣林村，海拔 1175.6 m。
生长情况： 长势旺盛，树体高大，基部分杈，有少量枯枝。树高 18 m，胸径 180 cm，冠幅 14 m。
保护措施： 挂牌保护，原挂牌号 0004，有专人管护。
管护单位： 枣林村村委会，集体所有。

2. 槐（国槐）*Sophora japonica*

豆科 Leguminosae　　槐属 *Sophora*

类别： 三级古树。
数量： 1株。
树龄： 210年。
分布地点： 位于中卫市沙坡头区滨河镇新墩村新墩小学内，海拔1182.8 m。
生长情况： 长势旺盛，树体高大，树冠圆满。树高17 m，胸径122 cm，冠幅20 m。
保护措施： 挂牌保护，原挂牌号0003，有专人管护。
管护单位： 新墩小学，集体所有。

3. 香水梨 *Pyrus bretschneideri*'Xiangshui'

蔷薇科 Rosaceae　　梨属 *Pyrus*

类别： 二级古树。
数量： 87株，面积10000 m²。
平均树龄： 300年。
分布地点： 位于中卫市沙坡头区迎水桥镇北长滩村，海拔1221 m。
生长情况： 树体高大，长势旺盛。平均树高16 m，平均胸径100 cm，平均冠幅15 m。
保护措施： 未挂牌保护，有专人管护。
管护单位： 北长滩村村委会，集体所有。

4. 胡桃（核桃）*Juglans regia*

胡桃科 Juglandaceae   胡桃属 *Juglans*

类别： 三级古树。
数量： 15 株，面积 2000 m^2。
平均树龄： 100 年。
分布地点： 位于中卫市沙坡头区迎水桥镇北长滩村，海拔 1228.5 m。
生长情况： 树体高大，长势一般，有枯死枝条。平均树高 17 m，平均胸径 95 cm，平均冠幅 18 m。
保护措施： 未挂牌保护，有专人管护。
管护单位： 北长滩村村委会，集体所有。

5. 香水梨 *Pyrus bretschneideri* 'Xiangshui'

蔷薇科 Rosaceae   梨属 *Pyrus*

类别： 二级古树。
数量： 151 株，面积 15007 m^2。
平均树龄： 300 年。
分布地点： 位于中卫市沙坡头区香山乡南长滩村，海拔 1232.6 m。
生长情况： 树体高大，树冠圆满，长势旺盛。平均树高 15 m，平均胸径 100 cm，平均冠幅 15 m。
保护措施： 未挂牌保护，有专人管护。
管护单位： 南长滩村村委会，集体所有。

6. 冬果梨 *Pyrus bretschneideri* 'Dongguo'

蔷薇科 Rosaceae　　梨属 *Pyrus*

类别： 二级古树。
数量： 15 株，面积 1500 m²。
平均树龄： 300 年。
分布地点： 位于中卫市沙坡头区香山乡南长滩村，海拔 1233.5 m。
生长情况： 树体高大，树冠圆满，长势旺盛。平均树高 13 m，平均胸径 85 cm，平均冠幅 13 m。
保护措施： 未挂牌保护，有专人管护。
管护单位： 南长滩村村委会，集体所有。

7. 枣 *Ziziphus jujuba*

鼠李科 Rhamnaceae　　枣属 *Ziziphus*

类别： 三级古树。
数量： 2000 株，面积 40000 m²。
平均树龄： 250 年。
分布地点： 位于中卫市沙坡头区香山乡南长滩村，海拔 1225.4 m。
生长情况： 树体高大，长势旺盛。平均树高 12 m，平均胸径 60 cm，平均冠幅 12 m。
保护措施： 未挂牌保护，有专人管护。
管护单位： 南长滩村村委会，集体所有。

8. 枣 *Ziziphus jujuba*

鼠李科 Rhamnaceae   枣属 *Ziziphus*

类别：三级古树。
数量：1360 株，面积 35000 m^2。
平均树龄：200 年。
分布地点：位于中卫市沙坡头区永康镇永南村，海拔 1168.9 m。
生长情况：树体高大，长势旺盛，部分枝条枯死。平均树高 13 m，平均胸径 50 cm，平均冠幅 8 m。
保护措施：未挂牌保护，有专人管护。
管护单位：永南村村委会，集体所有。

9. 枣 *Ziziphus jujuba*

鼠李科 Rhamnaceae   枣属 *Ziziphus*

类别：三级古树。
数量：1540 株，面积 123200 m^2。
平均树龄：250 年。
分布地点：位于中卫市沙坡头区迎水桥镇北长滩村，海拔 1221.6 m。
生长情况：树体高大，长势旺盛。平均树高 13 m，平均胸径 60 cm，平均冠幅 13 m。
保护措施：未挂牌保护，有专人管护。
管护单位：北长滩村村委会，集体所有。

中宁县（4 处 4 株古树，11 处古树群）

1. 冬果梨 Pyrus bretschneideri 'Dongguo'

蔷薇科 Rosaceae　　梨属 Pyrus

类别： 三级古树。
数量： 1 株。
树龄： 200 年。
分布地点： 位于中卫市中宁县余丁乡黄羊村，海拔 1124 m。
生长情况： 长势一般，树体高大。树高 13.5 m，胸径 55.8 cm，冠幅 7 m。
保护措施： 未挂牌保护，无专人管护。
管护单位： 无管护单位，个人所有。

2. 冬果梨 Pyrus bretschneideri 'Dongguo'

蔷薇科 Rosaceae　　梨属 Pyrus

类别： 三级古树。
数量： 1 株。
树龄： 100 年。
分布地点： 位于中卫市中宁县余丁乡黄羊村，海拔 1224 m。
生长情况： 长势一般，树体高大，主干顺直，枝条浓密，结实率低。树高 13 m，胸径 69.5 cm，冠幅 16 m。
保护措施： 未挂牌保护，无专人管护。
管护单位： 无管护单位，个人所有。

3. 冬果梨 *Pyrus bretschneideri* 'Dongguo'

蔷薇科 Rosaceae　　梨属 *Pyrus*

类别： 二级古树。
数量： 1株。
树龄： 331年。
分布地点： 位于中卫市中宁县石空镇太平村，海拔1141 m。
生长情况： 长势旺盛，树体高大，树干3 m处分2杈，结实率高。树高13 m，胸径108 cm，冠幅16.5 m。
保护措施： 未挂牌保护，无专人管护。
管护单位： 无管护单位，个人所有。

4. 银白杨 *Populus alba*

杨柳科 Salicaceae　　杨属 *Populus*

类别： 二级古树。
数量： 1株，面积10 m^2。
树龄： 300年。
分布地点： 位于中卫市中宁县石空镇倪丁村，海拔1101 m。
生长情况： 树体粗大，树皮上有树脂流出，长势一般。树高22 m，胸径58 cm，冠幅12 m。
保护措施： 挂牌保护，有专人管护。
管护单位： 中宁县林业和枸杞产业发展局，集体所有。

5. 枣 *Ziziphus jujuba*

鼠李科 Rhamnaceae　　枣属 *Ziziphus*

类别： 三级古树。
数量： 56 株，面积 3001 m^2。
平均树龄： 200 年。
分布地点： 位于中卫市中宁县余丁乡黄羊村，海拔 1224 m。
生长情况： 主干粗，分枝点高，树冠稀疏，长势一般。平均树高 15 m，平均胸径 40 cm，平均冠幅 10 m。
保护措施： 未挂牌保护，无专人管护。
管护单位： 黄羊村村委会，个人所有。

6. 白梨 *Pyrus bretschneideri*

蔷薇科 Rosaceae　　梨属 *Pyrus*

类别： 三级古树。
数量： 6 株，面积 200 m^2。
平均树龄： 200 年。
分布地点： 位于中卫市中宁县余丁乡黄羊村，海拔 1130 m。
生长情况： 长势一般。平均树高 15 m，平均胸径 70 cm，平均冠幅 6.8 m。
保护措施： 未挂牌保护，无专人管护。
管护单位： 无管护单位，个人所有。

7. 枣 *Ziziphus jujuba*

鼠李科 Rhamnaceae　　枣属 *Ziziphus*

类别：三级古树。
数量：32 株，面积 200 m²。
平均树龄：200 年。
分布地点：位于中卫市中宁县宁安镇石桥村，海拔 1123.1 m。
生长情况：长势一般。平均树高 20 m，平均胸径 40.5 cm，平均冠幅 6.5 m。
保护措施：未挂牌保护，无专人管护。
管护单位：石桥村村委会，集体所有。

8. 枣 *Ziziphus jujuba*

鼠李科 Rhamnaceae　　枣属 *Ziziphus*

类别：三级古树。
数量：9 株，面积 100 m²。
平均树龄：200 年。
分布地点：位于中卫市中宁县石空镇倪丁村，海拔 1133 m。
生长情况：长势一般。平均树高 11 m，平均胸径 16 cm，平均冠幅 6.5 m。
保护措施：挂牌保护，无专人管护。
管护单位：无管护单位，个人所有。

9. 枣 *Ziziphus jujuba*

鼠李科 Rhamnaceae　　枣属 *Ziziphus*

类别： 三级古树。
数量： 9 株，面积 100 m²。
平均树龄： 120 年。
分布地点： 位于中卫市中宁县余丁乡黄羊村，海拔 1126.1 m。
生长情况： 长势一般。平均树高 10.5 m，平均胸径 35 cm，平均冠幅 7.6 m。
保护措施： 未挂牌保护，有专人管护。
管护单位： 黄羊村村委会，集体所有。

10. 秋子梨 *Pyrus ussuriensis*　　枣 *Ziziphus jujuba*

蔷薇科 Rosaceae　　梨属 *Pyrus*　　鼠李科 Rhamnaceae　　枣属 *Ziziphus*

类别： 三级古树。
数量： 105 株，面积 2600 m²。
平均树龄： 100 年。
分布地点： 位于中卫市中宁县宁安镇石桥村，海拔 1155.3 m。
生长情况： 枣树较多，梨树较少，长势旺盛。秋子梨平均树高 28 m，平均胸径 250 cm，平均冠幅 15 m。枣平均树高 26 m，平均胸径 201 cm，平均冠幅 22 m。
保护措施： 未挂牌保护，无专人管护。
管护单位： 无管护单位，个人所有。

11. 枣 *Ziziphus jujuba*

鼠李科 Rhamnaceae   枣属 *Ziziphus*

类别： 三级古树。
数量： 10 株，面积 100 m^2。
平均树龄： 200 年。
分布地点： 位于中卫市中宁县余丁乡黄羊村，海拔 1153 m。
生长情况： 长势一般。平均树高 16.5 m，平均胸径 41.2 cm，平均冠幅 11 m。
保护措施： 未挂牌保护，无专人管护。
管护单位： 无管护单位，个人所有。

12. 枣 *Ziziphus jujuba*

鼠李科 Rhamnaceae   枣属 *Ziziphus*

类别： 三级古树。
数量： 17 株，面积 200 m^2。
平均树龄： 200 年。
分布地点： 位于中卫市中宁县余丁乡黄羊村，海拔 1153 m。
生长情况： 长势一般，树皮灰褐色，生长不均匀，南边主干枝条生长良好，北边主干枝条稀疏，有枯枝。平均树高 16.5 m，平均胸径 32.7 cm，平均冠幅 7.5 m。
保护措施： 未挂牌保护，无专人管护。
管护单位： 无管护单位，个人所有。

13. 枣 *Ziziphus jujuba*

鼠李科 Rhamnaceae　　枣属 *Ziziphus*

类别： 三级古树。

数量： 18 株，面积 200 m²。

平均树龄： 200 年。

分布地点： 位于中卫市中宁县余丁乡黄羊村，海拔 1224 m。

生长情况： 长势一般，主干顺直，树体高大，主干着生枝条浓密，结实一般。平均树高 11 m，平均胸径 31.6 cm，平均冠幅 5.5 m。

保护措施： 未挂牌保护，无专人管护。

管护单位： 无管护单位，个人所有。

14. 冬果梨 *Pyrus bretschneideri*'Dongguo'

蔷薇科 Rosaceae　　梨属 *Pyrus*

类别： 三级古树。

数量： 3 株，面积 100 m²。

平均树龄： 100 年。

分布地点： 位于中卫市中宁县余丁乡黄羊村，海拔 1130 m。

生长情况： 长势旺盛，树体高大，结实良好。平均树高 12 m，平均胸径 47 cm，平均冠幅 6.5 m。

保护措施： 未挂牌保护，无专人管护。

管护单位： 无管护单位，个人所有。

15. 枸杞 *Lycium chinense*

茄科 Solanaceae　　枸杞属 *Lycium*

类别： 三级古树。
数量： 5 株，面积 60 m²。
平均树龄： 122 年。
分布地点： 位于中卫市中宁县宁安镇营盘滩村，海拔 1157m。
生长情况： 长势旺盛。平均树高 2.3m，平均胸径 27cm，平均冠幅 3.2m。
保护措施： 挂牌保护，原挂牌号 QX061:1-1、QX061:1-2、QX062:1-1、QX062:2-1、QX062:2-2，有专人管护。
管护单位： 中宁县杞鑫枸杞苗木专业合作社，企业所有。

海原县（27 处 28 株古树名木，其中 27 株古树、1 株名木；2 处古树群）

1. 榆树（白榆）*Ulmus pumila*

榆科 Ulmaceae　　榆属 *Ulmus*

类别： 三级古树。
数量： 1 株。
树龄： 290 年。
分布地点： 位于中卫市海原县海城镇王井村，海拔 1720 m。
生长情况： 长势旺盛。树高 18.1 m，胸径 100.9 cm，冠幅 18.5 m。
保护措施： 挂牌保护，有专人管护。
管护单位： 海城镇人民政府，集体所有。

2. 榆树（白榆）*Ulmus pumila*

榆科 Ulmaceae　　榆属 *Ulmus*

类别： 三级古树。
数量： 1 株。
树龄： 190 年。
分布地点： 位于中卫市海原县海城镇王井村，海拔 1716 m。
生长情况： 长势旺盛。树高 18.9 m，胸径 121 cm，冠幅 19.3 m。
保护措施： 挂牌保护，有专人管护。
管护单位： 海城镇人民政府，集体所有。

3. 榆树（白榆）*Ulmus pumila*

榆科 Ulmaceae　　榆属 *Ulmus*

类别： 三级古树。
数量： 1 株。
树龄： 190 年。
分布地点： 位于中卫市海原县海城镇武塬村，海拔 1830.2 m。
生长情况： 长势一般。树高 18.8 m，胸径 150.31 cm，冠幅 24 m。
保护措施： 挂牌保护，有专人管护。
管护单位： 海城镇人民政府，集体所有。

4. 榆树（白榆）*Ulmus pumila*

榆科 Ulmaceae   榆属 *Ulmus*

类别： 三级古树。
数量： 1株。
树龄： 120年。
分布地点： 位于中卫市海原县树台乡龚湾村条子沟自然村，海拔1840 m。
生长情况： 长势旺盛。树高17.5 m，胸径92.4 cm，冠幅17.9 m。
保护措施： 挂牌保护，有专人管护。
管护单位： 树台乡人民政府，集体所有。

5. 榆树（白榆）*Ulmus pumila*

榆科 Ulmaceae   榆属 *Ulmus*

类别： 三级古树。
数量： 1株。
树龄： 100年。
分布地点： 位于中卫市海原县贾塘乡马营村秦湾自然村，海拔1693 m。
生长情况： 长势旺盛。树高19 m，胸径100.4 cm，冠幅10.2 m。
保护措施： 挂牌保护，有专人管护。
管护单位： 贾塘乡人民政府，集体所有。

6. 旱柳 *Salix matsudana*

杨柳科 Salicaceae　　柳属 *Salix*

类别： 三级古树。
数量： 1 株。
树龄： 150 年。
分布地点： 位于中卫市海原县贾塘乡马营村秦湾自然村，海拔 1723 m。
生长情况： 长势旺盛。树高 15 m，胸径 111.5 cm，冠幅 19.9 m。
保护措施： 挂牌保护，有专人管护。
管护单位： 贾塘乡人民政府，集体所有。

7. 旱柳 *Salix matsudana*

杨柳科 Salicaceae　　柳属 *Salix*

类别： 三级古树。
数量： 2 株。
树龄： 110 年。
分布地点： 位于中卫市海原县贾塘乡马营村下马营自然村，海拔 1713 m。
生长情况： 长势旺盛。树高 17.2 m 和 17 m，胸径 113.1 cm 和 106.7 cm，平均冠幅 17.2 m。
传说或来历： 当地村民称之为"夫妻树"。
保护措施： 挂牌保护，有专人管护。
管护单位： 贾塘乡人民政府，集体所有。

8. 旱柳 *Salix matsudana*

杨柳科 Salicaceae　　柳属 *Salix*

类别： 二级古树。
数量： 1株。
树龄： 310年。
分布地点： 位于中卫市海原县贾塘乡马营村上马营自然村古城西侧，海拔1732 m。
生长情况： 长势一般，主干上部枯死。树高8 m，胸径115 cm，冠幅7.8 m。
保护措施： 挂牌保护，周围用砖墙围护，有专人管护。
管护单位： 海城镇人民政府，集体所有。

9. 旱柳 *Salix matsudana*

杨柳科 Salicaceae　　柳属 *Salix*

类别： 一级古树。
数量： 1株。
树龄： 520年。
分布地点： 位于中卫市海原县树台乡龚湾村条子沟自然村，海拔1840 m。
生长情况： 长势一般，主干中空。树高16.5 m，胸径141.7 cm，冠幅12.8 m。
保护措施： 挂牌保护，有专人管护。
管护单位： 树台乡人民政府，集体所有。

10. 刺槐 Robinia pseudoacacia

豆科 Leguminosae　　刺槐属 Robinia

类别： 三级古树。
数量： 1株。
树龄： 115年。
分布地点： 位于中卫市海原县树台乡龚湾村条子沟自然村，海拔1852 m。
生长情况： 长势一般。树高19 m，胸径75.5 m，冠幅15 m。
保护措施： 挂牌保护，有专人管护。
管护单位： 树台乡人民政府，集体所有。

11. 小叶杨 Populus simonii

杨柳科 Salicaceae　　杨属 Populus

类别： 三级古树。
数量： 1株。
树龄： 190年。
分布地点： 位于中卫市海原县树台乡龚湾村王坡自然村，海拔2142 m。
生长情况： 长势一般。树高15.8 m，胸径65.2 m，冠幅14.2 m。
保护措施： 挂牌保护，有专人管护。
管护单位： 树台乡人民政府，集体所有。

12. 小叶杨 *Populus simonii*

杨柳科 Salicaceae　　杨属 *Populus*

类别： 三级古树。
数量： 1 株。
树龄： 210 年。
分布地点： 位于中卫市海原县树台乡龚湾村王坡自然村，海拔 2147 m。
生长情况： 长势一般。树高 20.5 m，胸径 98.7 m，冠幅 12.4 m。
保护措施： 挂牌保护，有专人管护。
管护单位： 树台乡人民政府，集体所有。

13. 旱柳 *Salix matsudana*

杨柳科 Salicaceae　　柳属 *Salix*

类别： 三级古树。
数量： 1 株。
树龄： 210 年。
分布地点： 位于中卫市海原县树台乡韩庄村，海拔 1894 m。
生长情况： 长势旺盛。树高 11.5 m，胸径 130.57 cm，冠幅 15 m。
保护措施： 挂牌保护，有专人管护。
管护单位： 树台乡人民政府，集体所有。

14. 榆树（白榆）*Ulmus pumila*

榆科 Ulmaceae　　榆属 *Ulmus*

类别： 三级古树。
数量： 1株。
树龄： 120年。
分布地点： 位于中卫市海原县关桥乡罗山村东坡自然村，海拔1621 m。
生长情况： 长势旺盛。树高17.5 m，胸径114 cm，冠幅14.7 m。
保护措施： 挂牌保护，有专人管护。
管护单位： 关桥乡人民政府，集体所有。

15. 榆树（白榆）*Ulmus pumila*

榆科 Ulmaceae　　榆属 *Ulmus*

类别： 三级古树。
数量： 1株。
树龄： 130年。
分布地点： 位于中卫市海原县西安镇小河村，海拔1693 m。
生长情况： 长势旺盛。树高17.3 m，胸径102.5 cm，冠幅15.4 m。
传说或来历： 据当地百岁老人曹万珍讲，该古树为芦家祖辈立祖坟时栽植。
保护措施： 挂牌保护，有专人管护。
管护单位： 西安镇人民政府，集体所有。

16. 榆树（白榆）*Ulmus pumila*

榆科 Ulmaceae　　榆属 *Ulmus*

类别： 三级古树。
数量： 1株。
树龄： 190年。
分布地点： 位于中卫市海原县西安镇胡湾村，海拔1639.1 m。
生长情况： 长势旺盛。树高16 m，胸径109.9 cm，冠幅17 m。
保护措施： 挂牌保护，有专人管护。
管护单位： 西安镇人民政府，集体所有。

17. 楸 *Catalpa bungei*

紫葳科 Bignoniaceae　　梓属 *Catalpa*

类别： 名木。
数量： 1株。
树龄： 61年。
分布地点： 位于中卫市海原县海城镇海原宾馆院内，海拔1843 m。
生长情况： 长势旺盛。树高19.6 m，胸径73 cm，冠幅9 m。
传说或来历： 20世纪60年代从南方引进，1995年编入《中国树木奇观》。
保护措施： 挂牌保护，有专人管护。
管护单位： 海原宾馆，集体所有。

18. 侧柏 *Platycladus orientalis*

柏科 Cupressaceae　　侧柏属 *Platycladus*

类别： 三级古树。
数量： 1 株。
树龄： 160 年。
分布地点： 位于中卫市海原县九彩乡九彩村九彩坪拱北院内，海拔 1973.2 m。
生长情况： 长势一般。树高 8.9 m，胸径 58.9 cm，冠幅 10.4 m。
保护措施： 挂牌保护，有专人管护。
管护单位： 九彩乡人民政府，集体所有。

19. 侧柏 *Platycladus orientalis*

柏科 Cupressaceae　　侧柏属 *Platycladus*

类别： 三级古树。
数量： 1 株。
树龄： 160 年。
分布地点： 位于中卫市海原县九彩乡九彩村九彩坪拱北院内，海拔 1973 m。
生长情况： 长势一般。树高 8.5 m，胸径 43.2 cm，冠幅 7.1 m。
保护措施： 挂牌保护，有专人管护。
管护单位： 九彩乡人民政府，集体所有。

20. 榆树（白榆）*Ulmus pumila*

榆科 Ulmaceae　　榆属 *Ulmus*

类别： 三级古树。
数量： 1 株。
树龄： 100 年。
分布地点： 位于中卫市海原县三河镇红城村，海拔 1488.7 m。
生长情况： 长势一般，基部有 3 分枝。树高 17.6 m，地径 107.8 cm，冠幅 15 m。
保护措施： 挂牌保护，有专人管护。
管护单位： 三河镇人民政府，集体所有。

21. 榆树（白榆）*Ulmus pumila*

榆科 Ulmaceae　　榆属 *Ulmus*

类别： 三级古树。
数量： 1 株。
树龄： 100 年。
分布地点： 位于中卫市海原县曹洼乡脱烈村，海拔 1792.6 m。
生长情况： 长势旺盛，主干 2.5 m 处分 5 杈。树高 17 m，胸径 280 cm，冠幅 18.5 m。
保护措施： 挂牌保护，有专人管护。
管护单位： 无管护单位，个人所有。

22. 旱柳 *Salix matsudana*

杨柳科 Salicaceae　　柳属 *Salix*

类别： 三级古树。

数量： 1株。

树龄： 200年。

分布地点： 位于中卫市海原县九彩乡九彩村，海拔1878.4 m。

生长情况： 长势一般。树高8.8 m，胸径346 cm，冠幅13.5 m。

保护措施： 挂牌保护，有专人管护。

管护单位： 九彩乡人民政府，集体所有。

23. 旱柳 *Salix matsudana*

杨柳科 Salicaceae　　柳属 *Salix*

类别： 三级古树。

数量： 1株。

树龄： 120年。

分布地点： 位于中卫市海原县李俊乡蔡祥村，海拔1740.4 m。

生长情况： 长势一般。树高17 m，胸径132.2 cm，冠幅17.1 m。

保护措施： 挂牌保护，有专人管护。

管护单位： 李俊乡人民政府，集体所有。

24. 花叶海棠 *Malus transitoria*

蔷薇科 Rosaceae　　苹果属 *Malus*

类别：三级古树。
数量：1 株。
树龄：120 年。
分布地点：位于中卫市海原县李俊乡团结村，海拔 1846.6 m。
生长情况：长势旺盛。树高 12 m，胸径 42 cm，冠幅 13.4 m。
保护措施：挂牌保护，有专人管护。
管护单位：李俊乡人民政府，集体所有。

25. 旱榆（灰榆）*Ulmus glaucescens*

榆科 Ulmaceae　　榆属 *Ulmus*

类别：一级古树。
数量：1 株。
树龄：1100 年。
分布地点：位于中卫市海原县红羊乡元龙山，海拔 1941 m。
生长情况：长势较差。树高 7.5 m，地径 110.2 cm，冠幅 7.3 m。
传说或来历：据传，清康熙帝巡游宁夏路过元龙山，随从奉水，味咸。康熙帝问为什么不放茶，答茶已用完。康熙帝让随从随手摘几片树叶当茶叶。从此，当地人把该山榆树称为"茶树"。每年农历六月初六，周边群众便去该山把榆树叶摘回家，经熬煮晾晒，藏于干燥处。水烧开后放几片，凉后水鲜红色，清凉解渴。
保护措施：挂牌保护，有专人管护。
管护单位：张元庙管会，集体所有。

26. 小叶杨 *Populus simonii*

杨柳科 Salicaceae　　杨属 *Populus*

类别： 三级古树。
数量： 1 株。
树龄： 160 年。
分布地点： 位于中卫市海原县红羊乡安堡村上甘自然村，海拔 2065.3 m。
生长情况： 长势一般，主干 3.5 m 处分 2 杈，其中 1 杈枝枯死。树高 29.5 m，胸径 118.5 cm，冠幅 19.3 m。
保护措施： 未挂牌保护，无专人管护。
管护单位： 无管护单位，集体所有。

27. 榆树（白榆）*Ulmus pumila*

榆科 Ulmaceae　　榆属 *Ulmus*

类别： 一级古树。
数量： 1 株。
树龄： 600 年。
分布地点： 位于中卫市海原县曹洼乡曹洼村，海拔 1845.7 m。
生长情况： 长势一般。树高 17.5 m，胸径 400 cm，冠幅 14.1 m。
保护措施： 未挂牌保护。
管护单位： 无管护单位，个人所有。

28. 香水梨 *Pyrus bretschneideri* 'Xiangshui'

蔷薇科 Rosaceae　　梨属 *Pyrus*

类别： 三级古树。
数量： 175 株，面积 15000 m²。
平均树龄： 100 年。
分布地点： 位于中卫市海原县关桥乡贺堡村，海拔 1605.2 m。
生长情况： 长势旺盛。平均树高 4.5 m，平均胸径 182 cm，平均冠幅 10 m。
保护措施： 未挂牌保护。
管护单位： 个人管护，集体所有。

29. 旱柳 *Salix matsudana*

杨柳科 Salicaceae　　柳属 *Salix*

类别： 一级古树。
数量： 5 株，面积 400 m²。
平均树龄： 500 年。
分布地点： 位于中卫市海原县西安镇哨马营，海拔 2045.8 m。
生长情况： 由于地震和年代久远，树体不同程度受损，长势较差。平均树高 11 m，平均胸径 21 cm，平均冠幅 10 m。
传说或来历： 1 号"震柳"在 1921 年海原大地震时从树体中间断开，是海原大地震的活化石。
保护措施： 挂牌保护，树体四周用栅栏围护。
管护单位： 海原县文化旅游广播电视局，集体所有。

自然保护区

14 株古树
4 株名木
4 处古树群

宁夏灵武白芨滩国家级自然保护区（17 处 17 株古树名木，其中 13 株古树、4 株名木）

1. 榆树（白榆）*Ulmus pumila*
榆科 Ulmaceae　　榆属 *Ulmus*

类别： 三级古树。
数量： 1 株。
树龄： 100 年。
分布地点： 位于白芨滩国家级自然保护区白芨滩管理站苗圃地，海拔 1316.8 m。
生长情况： 长势一般。树高 15 m，胸径 87 cm，冠幅 22 m。
保护措施： 未挂牌保护。
管护单位： 宁夏灵武白芨滩国家级自然保护区管理局，国家所有。

2. 榆树（白榆）*Ulmus pumila*
榆科 Ulmaceae　　榆属 *Ulmus*

类别： 三级古树。
数量： 1 株。
树龄： 100 年。
分布地点： 位于白芨滩国家级自然保护区白芨滩管理站苗圃地，海拔 1321.6 m。
生长情况： 长势旺盛。树高 17 m，胸径 53 cm，冠幅 70 m。
保护措施： 未挂牌保护。
管护单位： 宁夏灵武白芨滩国家级自然保护区管理局，国家所有。

3. 榆树（白榆）*Ulmus pumila*

榆科 Ulmaceae　　榆属 *Ulmus*

类别： 三级古树。

数量： 1株。

树龄： 110年。

分布地点： 位于白芨滩国家级自然保护区白芨滩管理站苗圃地，海拔1314.3 m。

生长情况： 长势一般。树高15 m，胸径55 cm，冠幅15.7 m。

保护措施： 未挂牌保护。

管护单位： 宁夏灵武白芨滩国家级自然保护区管理局，国家所有。

4. 榆树（白榆）*Ulmus pumila*

榆科 Ulmaceae　　榆属 *Ulmus*

类别： 三级古树。

数量： 1株。

树龄： 100年。

分布地点： 位于白芨滩国家级自然保护区白芨滩管理站苗圃地，海拔1315.1 m。

生长情况： 长势旺盛。树高14 m，胸径58 cm，冠幅17 m。

保护措施： 未挂牌保护。

管护单位： 宁夏灵武白芨滩国家级自然保护区管理局，国家所有。

5. 榆树（白榆）*Ulmus pumila*

榆科 Ulmaceae　　榆属 *Ulmus*

类别： 三级古树。
数量： 1株。
树龄： 100年。
分布地点： 位于白芨滩国家级自然保护区白芨滩管理站苗圃地，海拔1312.8 m。
生长情况： 长势旺盛。树高14 m，胸径58 cm，冠幅17 m。
保护措施： 未挂牌保护。
管护单位： 宁夏灵武白芨滩国家级自然保护区管理局，国家所有。

6. 榆树（白榆）*Ulmus pumila*

榆科 Ulmaceae　　榆属 *Ulmus*

类别： 三级古树。
数量： 1株。
树龄： 100年。
分布地点： 位于白芨滩国家级自然保护区白芨滩管理站苗圃地，海拔1316.5 m。
生长情况： 长势旺盛。树高17 m，胸径76 cm，冠幅15.8 m。
保护措施： 未挂牌保护。
管护单位： 宁夏灵武白芨滩国家级自然保护区管理局，国家所有。

7. 榆树（白榆）*Ulmus pumila*

榆科 Ulmaceae　　榆属 *Ulmus*

类别： 三级古树。
数量： 1 株。
树龄： 100 年。
分布地点： 位于白芨滩国家级自然保护区白芨滩管理站苗圃地，海拔 1316.5 m。
生长情况： 长势一般。树高 16 m，胸径 55 cm，冠幅 15.9 m。
保护措施： 未挂牌保护。
管护单位： 宁夏灵武白芨滩国家级自然保护区管理局，国家所有。

8. 榆树（白榆）*Ulmus pumila*

榆科 Ulmaceae　　榆属 *Ulmus*

类别： 三级古树。
数量： 1 株。
树龄： 100 年。
分布地点： 位于白芨滩国家级自然保护区白芨滩管理站苗圃地，海拔 1313.2 m。
生长情况： 长势一般。树高 28 m，胸径 77 cm，冠幅 20 m。
保护措施： 未挂牌保护。
管护单位： 宁夏灵武白芨滩国家级自然保护区管理局，国家所有。

9. 榆树（白榆）*Ulmus pumila*

榆科 Ulmaceae　　榆属 *Ulmus*

类别：三级古树。
数量：1株。
树龄：100年。
分布地点：位于白芨滩国家级自然保护区白芨滩管理站苗圃地，海拔1311.1 m。
生长情况：长势一般。树高8.5 m，胸径45 cm，冠幅15.8 m。
保护措施：未挂牌保护。
管护单位：宁夏灵武白芨滩国家级自然保护区管理局，国家所有。

10. 榆树（白榆）*Ulmus pumila*

榆科 Ulmaceae　　榆属 *Ulmus*

类别：三级古树。
数量：1株。
树龄：100年。
分布地点：位于白芨滩国家级自然保护区白芨滩管理站苗圃地，海拔1320.5 m。
生长情况：长势一般。树高8 m，胸径59 cm，冠幅17.8 m。
保护措施：未挂牌保护。
管护单位：宁夏灵武白芨滩国家级自然保护区管理局，国家所有。

11. 榆树（白榆）*Ulmus pumila*

榆科 Ulmaceae　　榆属 *Ulmus*

类别： 三级古树。

数量： 1株。

树龄： 100年。

分布地点： 位于白芨滩国家级自然保护区白芨滩管理站苗圃地，海拔1299.1 m。

生长情况： 长势一般。树高16.8 m，胸径108 cm，冠幅22.5 m。

保护措施： 未挂牌保护。

管护单位： 宁夏灵武白芨滩国家级自然保护区管理局，国家所有。

12. 胡杨 *Populus euphratica*

杨柳科 Salicaceae　　杨属 *Populus*

类别： 三级古树。

数量： 1株。

树龄： 105年。

分布地点： 位于白芨滩国家级自然保护区白芨滩管理站苗圃地，海拔1317.3 m。

生长情况： 长势一般。树高15 m，胸径25 cm，冠幅5 m。

保护措施： 未挂牌保护。

管护单位： 宁夏灵武白芨滩国家级自然保护区管理局，国家所有。

自然保护区

13. 灵武长枣 *Ziziphus jujuba* 'Lingwuchangzao'

鼠李科 Rhamnaceae　　枣属 *Ziziphus*

类别： 名木。
数量： 1株。
树龄： 14年。
分布地点： 位于白芨滩国家级自然保护区大泉管理站，海拔1182.8 m。
生长情况： 长势旺盛。树高4.2 m，胸径18 cm，冠幅5.4 m。
传说或来历： 2008年4月7日，时任国家副主席习近平同志视察宁夏时亲手栽植。
保护措施： 在习近平同志植树的地方建成一座小公园，取名"宸喜园"。挂牌保护，有专人管护。
管护单位： 宁夏灵武白芨滩国家级自然保护区管理局，国家所有。

14. 桑（家桑，桑树）*Morus alba*

桑科 Moraceae　　桑属 *Morus*

类别： 三级古树。
数量： 1株。
树龄： 100年。
分布地点： 位于白芨滩国家级自然保护区白芨滩管理站老园子苗圃地，海拔1326.6 m。
生长情况： 长势旺盛。树高10.2 m，胸径70 cm，冠幅7.5 m。
保护措施： 挂牌保护，无专人管护。
管护单位： 宁夏灵武白芨滩国家级自然保护区管理局，国家所有。

15. 樟子松 *Pinus sylvestris* var. *mongolica*

松科 Pinaceae　　松属 *Pinus*

类别： 名木。
数量： 1株。
树龄： 20年。
分布地点： 位于白芨滩国家级自然保护区大泉管理站，海拔1130.5 m。
生长情况： 长势旺盛。树高3.1 m，胸径9 cm，冠幅2.5 m。
传说或来历： 2002年6月16日，时任中共中央政治局常委、中央书记处书记曾庆红同志视察宁夏时亲手栽植。
保护措施： 树未挂牌保护，有专人保护。
管护单位： 宁夏灵武白芨滩国家级自然保护区管理局，国家所有。

16. 北沙柳 *Salix psammophila*

杨柳科 Salicaceae　　柳属 *Salix*

类别： 名木。
数量： 1株。
树龄： 15年。
分布地点： 位于白芨滩国家级自然保护区大泉管理站，海拔1173.6 m。
生长情况： 长势旺盛。树高3.5 m，冠幅6.7 m。
传说或来历： 2007年4月13日，时任国家主席胡锦涛同志视察宁夏时亲手栽植。
保护措施： 在胡锦涛同志植树的地方建成一座小公园，取名"宸和园"。有专人管护。
管护单位： 宁夏灵武白芨滩国家级自然保护区管理局，国家所有。

17. 沙拐枣 *Calligonum mongolicum*

蓼科 Polygonaceae　　沙拐枣属 *Calligonum*

类别：名木。
数量：1 株。
树龄：15 年。
分布地点：位于白芨滩国家级自然保护区大泉管理站，海拔 1173.9 m。
生长情况：长势旺盛。树高 1.7 m，冠幅 2.9 m。
传说或来历：2007 年 4 月 13 日，时任国家主席胡锦涛同志视察宁夏时亲手栽植。
保护措施：未挂牌保护，有专人管护。
管护单位：宁夏灵武白芨滩国家级自然保护区管理局，国家所有。

六盘山国家级自然保护区（4 处古树群）

1. 白桦 *Betula platyphylla*

桦木科 Betulaceae　　桦木属 *Betula*

类别：三级古树。
数量：52 株，面积 10005 m^2。
平均树龄：100 年。
分布地点：位于固原市六盘山林业局二龙河国有林场，海拔 2226.5 m。
生长情况：长势旺盛。平均树高 16 m，平均胸径 45 cm，平均冠幅 10 m。
保护措施：未挂牌保护，有专人管护。
管护单位：固原市六盘山林业局二龙河国有林场，国家所有。

2. 红桦 *Betula albosinensis*

桦木科 Betulaceae　　桦木属 *Betula*

类别： 三级古树。

数量： 13 株，面积 5002.5 m²。

平均树龄： 100 年。

分布地点： 位于固原市六盘山林业局二龙河国有林场，海拔 2222.1 m。

生长情况： 长势旺盛。平均树高 16 m，平均胸径 45 cm，平均冠幅 10 m。

保护措施： 未挂牌保护，有专人管护。

管护单位： 固原市六盘山林业局二龙河国有林场，国家所有。

3. 辽东栎 *Quercus wutaishanica*

壳木科 Fagaceae　　栎属 *Quercus*

类别： 三级古树。

数量： 24 株，面积 20010 m²。

平均树龄： 100 年。

分布地点： 位于固原市六盘山林业局二龙河国有林场，海拔 2028.3 m。

生长情况： 长势旺盛。平均树高 12 m，平均胸径 35 cm，平均冠幅 12 m。

保护措施： 未挂牌保护，有专人管护。

管护单位： 固原市六盘山林业局二龙河国有林场，国家所有。

4. 华山松 Pinus armandii

松科 Pinaceae   松属 Pinus

类别：三级古树。
数量：35 株，面积 10005 m²。
平均树龄：100 年。
分布地点：位于固原市六盘山林业局西峡国有林场，海拔 2135.6 m。
生长情况：长势旺盛。平均树高 10 m，平均胸径 35 cm，平均冠幅 7 m。
保护措施：未挂牌保护，有专人管护。
管护单位：固原市六盘山林业局西峡国有林场，国家所有。

贺兰山国家级自然保护区（1 处 1 株古树）

槐（国槐）Sophora japonica

豆科 Leguminosae   槐属 Sophora

类别：三级古树。
数量：1 株。
树龄：242 年。
分布地点：位于贺兰山国家级自然保护区马莲口管理站滚钟口风景区，海拔 1385.4 m。
生长情况：树体高大，长势旺盛。树高 18 m，胸径 76 cm，冠幅 18 m。
传说或来历：1780 年栽植，被称为"宁夏第一槐"。
保护措施：挂牌保护，原挂牌号 001 号，有专人管护。
管护单位：滚钟口风景区管理处，国家所有。